临安珍稀野生植物图鉴

夏国华　梅爱君◎主编

中国林业出版社

图书在版编目（CIP）数据

临安珍稀野生植物图鉴 / 夏国华，梅爱君主编.
—北京：中国林业出版社，2017.11
ISBN 978-7-5038-9331-5

Ⅰ.①临…　Ⅱ.①夏…②梅…　Ⅲ.①珍稀植物—野生植物—临安—图集
Ⅳ.①Q948.525.54-64

中国版本图书馆CIP数据核字（2017）第255588号

中国林业出版社·生态保护出版中心

策划编辑： 刘家玲

责任编辑： 何游云　刘家玲

出版　中国林业出版社（100009　北京市西城区德内大街刘海胡同 7 号）
　　　　http://lycb.forestry.gov.cn　电话：（010）83143519
E-mail wildlife_cfph@163.com
发行　中国林业出版社
印刷　固安县京平诚乾印刷有限公司
版次　2018 年 5 月第 1 版
印次　2018 年 5 月第 1 次印刷
开本　710mm×1000mm　1/16
印张　20.25
字数　460 千字
定价　220.00 元

FOREWORD 序

　　珍稀野生植物是大自然赠与人类的宝贵财富，具有重要的科学研究和历史文化价值。加强珍稀野生植物的保护与管理，是历史交给后人的一项重要工作，是社会文明进步与发展的重要标志。做好珍稀野生植物的保护工作，对增强人们爱护自然，保护生态环境的意识，规范人的行为以及协调人与自然的关系，普及植物学知识，促进生态文明建设，具有十分重要的现实意义和历史意义。

　　临安地处浙江西北部，是太湖和钱塘江水系的源头，是中国长江三角洲地区的一颗绿色明珠，总面积3126.8km²，其中林业用地面积26.04×10⁴hm²，森林覆盖率78.2%。境内气候温和，雨量充沛，土壤肥沃，分布有2000余种高等植物，拥有天目山、清凉峰2个国家级自然保护区和青山湖国家森林公园，有"绿宝地"、"万宝山"的美称。

　　《临安珍稀野生植物图鉴》一书详细记述了分布于临安的珍稀野生植物种类、保护级别、形态特征、分布范围和保护价值等，并用彩色照片直观而真切地反映主要识别特征。同时，遵循"科学、通俗、实用"的原则，集专业性、实用性和科普性于一体，是一部珍稀野生植物科普、保护方面的优秀专著。相信该书的出版将对临安珍稀野生植物资源保护起到极其重要的促进作用，也为临安周边乃至浙江珍稀野生植物资源保护管理提供参考。

全国政协委员
浙江省林业厅巡视员
中国林业科学研究院博士生导师
2017年9月28日　于杭州

临安位于浙江省西北部天目山系南麓，是太湖和钱塘江水系的源头，总面积3126.8km²，是浙江省陆地面积最大的区。全区辖5个街道13个镇，总人口52.6万人。临安山清水秀、风光迷人，林业用地面积26.04×10⁴hm²，活立木蓄积量1330.7×10⁴m³，森林覆盖率78.2%，拥有天目山、清凉峰2个国家级自然保护区以及青山湖国家森林公园，境内野生植物资源极为丰富。临安区人民政府、临安区林业局等相关领导非常重视保护珍稀野生植物，决定对境内的珍稀野生植物进行一次系统、全面的调查和研究。

2016年由浙江农林大学、浙江天目山国家级自然保护区管理局、浙江清凉峰国家级自然保护区管理局、临安区林业局等单位的专家组成了协作团队，承担了"临安珍稀野生植物图鉴"编制项目，历时2年，投入了大量的人力、物力和财力，对临安区的野生植物资源进行了全面深入的调查研究，基本查清了临安区域内的珍稀野生植物种类和分布。本次调查和编研，明确了临安境内珍稀野生植物生物多样性组成，为临安珍稀野生植物管理、保护与利用、科学普及、教学与科学研究等奠定了基础。

本书收录的珍稀野生植物是指临安境内自然分布的（不含栽培）：（1）国家重点保护野生植物（1999年国家林业局和农业部名录）；（2）列入《濒危野生动植物种国际贸易公约（2016年）》附录Ⅱ的物种；（3）浙江省重点保护野生植物（2012年浙江省人民政府颁布名录）。调查发现临安共有珍稀野生植物45科99属132种，其中国家Ⅰ级重点保护野生植物5种，国家Ⅱ级重点保护野生植物20种，列入《濒危野生动植物种国际贸易公约（2016年）》附录Ⅱ51种，浙江省重点保护野生植物57种。

全书分总论和各论两部分。总论部分主要包括临安自然地理概况、临安珍稀野生植物区系组成与特征、临安珍稀野生植物保护现状与对策。各论部分蕨类植物按照秦仁昌系统、裸子植物按照郑万钧系统、被子植物按照克朗奎斯特系统对分布于临安的132种珍稀野生植物进行系统描述，每种均包含中文名称、拉丁学名、科属、别名、保护级别、形态特征、分布范围、保护价值以及主要识别特征的彩色图片。为了方便读者查阅及避免混乱，书中珍稀野生植物的中文名称原则上采用《浙江植物志》，别名采用通用名、临安有代表性的地方名。拉丁学名主要依据《中国植物志》和《Flora of China》等权威专著，同时参考一些最新文献进行考证。

本书主要面向林业系统从事森林资源管理、资源调查、规划设计、种苗培育、保护区管理等工作人员，为珍稀野生植物科普和林业行政执法提供工具书。

本书是项目组全体成员辛勤工作的结果，更与浙江省林业厅和临安区相关职能部门的大力支持密不可分，尤其是临安区林业局领导的高度重视和大力支持。本书从调查到编写出版一直得到浙江农林大学李根有教授的关心和指导，在此一并致谢。

由于编著者水平有限，加上项目工作任务繁重、编撰时间较短，书中难免有不足之处，望同行专家和读者不吝批评指教。

编著者

2017年10月

CONTENTS **目 录**

各 论

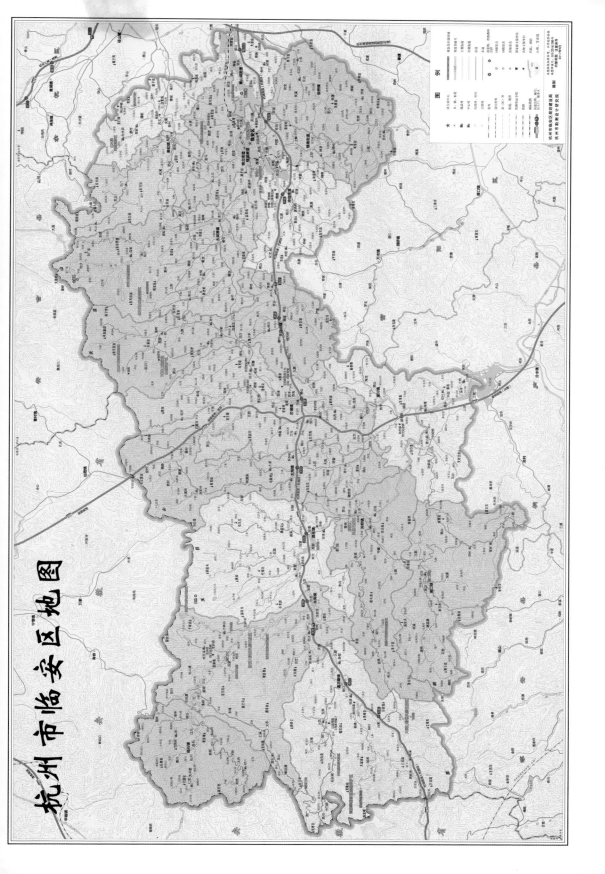

杭州市临安区地图

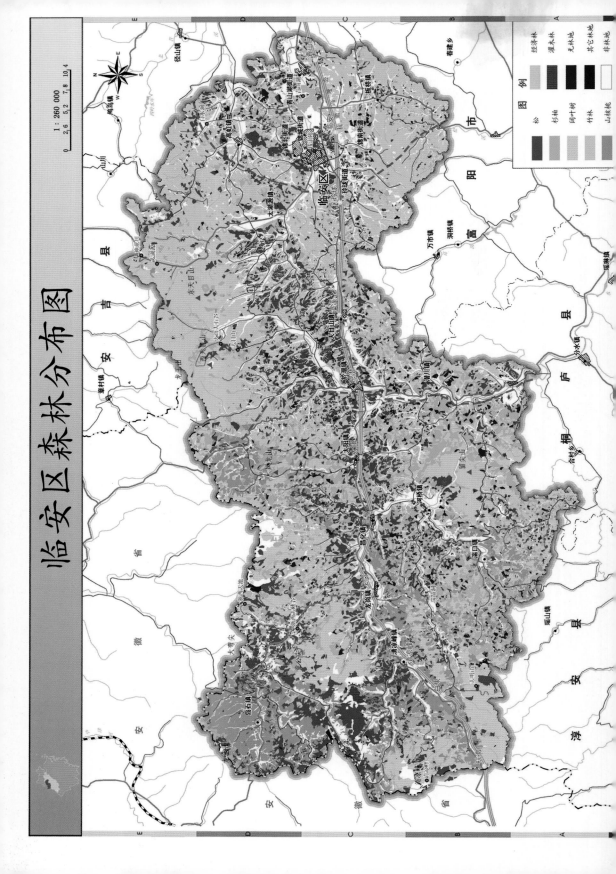

临安区森林分布图

总 论

第一章 | 临安自然地理概况

一、地理位置

临安区是杭州市辖区，地处浙江省西北部天目山系南麓，东邻余杭区，南连富阳区、桐庐县和淳安县，西接安徽省歙县，北接安吉县及安徽省绩溪县和宁国市。临安地理坐标为北纬29°56′至30°23′，东经118°51′至119°52′，东西长约100km，南北宽约50km，总面积3126.8km²；辖5个街道13个镇298个行政村。

二、气候条件

临安属亚热带季风气候区，温暖湿润，光照充足，雨量充沛，四季分明。年均降水量1613.9mm，降水日158天，年平均无霜期为237天，受台风、寒潮和冰雹等灾害性天气影响较大。境内以丘陵山地为主，地势自西北向东南倾斜，立体气候明显，从海拔不足50m的锦城街道至1787m的清凉峰顶，年平均气温由16℃降至9℃，年温差7℃，横跨亚热带和温带两个气候带。

三、地形地貌

临安属江南地层区，江山—临安地层分区，境内出露的地层较齐全，除中生界三叠系和新生界第三系缺失外，自元古界震旦纪至新生界第四系均有发育。区域构造属扬子准地台钱塘台褶带。在漫长的地质年代中，主要受印支运动和燕山运动的作用，形成了境内地形地貌的多样性和奇特性。

境内西北山岭起伏延绵，向东南渐趋低缓，形成低山丘陵与宽谷盆地相间排列，交错分布。呈现出以下特点：①西北高，东南低，差别悬殊。西部清凉峰

（海拔1787m）与东部石泉（海拔9m），海拔相差1778m，在浙江省内实属少见；西北、西南部山区平均海拔1000m以上，而东部锦城街道以东大部分是海拔50m以下的河谷平原。②西、北、南三面环山，向东呈马蹄形开口。西北天目山脉，南面昱岭山脉，东面无高山阻挡，为低丘平原，形如畚箕。③地形破碎，类型多样。境内海拔1000m以上的中山区面积约$1.67 \times 10^4 hm^2$，500~1000m的低山区面积约$7.26 \times 10^4 hm^2$，100~500m的丘陵面积约$1.80 \times 10^5 hm^2$，100m以下的平原区面积约$3.33 \times 10^4 hm^2$。全境基本地貌结构类型为中山深谷、低山丘陵宽谷以及河谷平原，具体的地貌类型如下：

中山：境内海拔1000m以上山峰有50多座，主要分布在西北部，相对高差600~800m，坡度35°以上，由质地坚硬的岩石，如流纹岩、石灰岩等构成，奇峰突兀。

山原：主要分布在中山区，如龙塘山、千亩田、千顷荡、道场坪等。顶部地形平坦或有微凹，四周陡立，坡度较大，主要由凝灰岩、流纹岩等构成，海拔900~1200m，相对高差小，山顶平原土壤腐殖质深厚。

低山：主要分布在西部和北部中山区边缘，脉络清楚，走向明显，海拔500~1000m，相对高差200~400m。按岩性可分为砂页岩低山、凝灰岩低山和石灰岩低山等；按高度可分为中低山（800~1000m）和低山（500~800m）。

深谷：主要分布在岩性松软区域或溪流交汇处，形成深谷盆地。往往由于水流侵蚀或断裂构造作用，形成中山区宽沟深谷纵横交错，一般坡度在40°以上，少数达70~80°，相对高差400~800m。

丘陵：境内丘陵分布较广，主要分布在中部、东部和南部河谷两侧，地势低缓起伏，脉络不明显，海拔100~500m，按岩性可分为砂页岩丘陵、花岗岩丘陵、溶岩丘陵和凝灰岩丘陵等。

岗地：主要分布在中部和东部河谷两旁与丘陵之间的交接地带，地势起伏平缓，呈浑圆状小孤丘或平缓岗地，海拔200m以下，坡度在10°~15°。按岩性分砂页岩岗地、红土层岗地和石灰岩岗地等。

冲积平原：主要分布在东部，自锦城街道以东至青山湖街道、高虹镇等地，与余杭区接壤，为杭嘉湖平原的一部分，由海积和河流冲积复合而成，地势低平开阔，土层深厚，土质肥沃。

河谷盆地：主要分布在溪流两岸，昌化镇、於潜镇、锦城街道、玲珑街道、

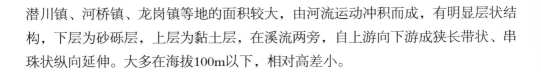

潜川镇、河桥镇、龙岗镇等地的面积较大，由河流运动冲积而成，有明显层状结构，下层为砂砾层，上层为黏土层，在溪流两旁，自上游向下游成狭长带状、串珠状纵向延伸。大多在海拔100m以下，相对高差小。

四、山脉

境内山脉分南、北两支，南支为昱岭山脉，北支为天目山脉，另有大片低山丘陵分布。

昱岭山脉：位于临安西南部。自清凉峰沿浙皖边界向南延伸，经石耳尖（海拔1172m）、昱岭（海拔508m）至搁船尖（海拔1477m）折向东行，有雨伞尖（海拔1459m）、大岭塔（海拔1446m）和牵牛岗（海拔1489m），大岭塔至牵牛岗一线北侧，有大明山千亩田，主峰海拔1280m，北坡为七峰尖；自大明山向东，山势稍降，散布海拔1000m以下山峰；至洪岭、马山之间，有和尚坪（海拔1082m）、扁担山（海拔1061m）和留尖山（海拔1135m），从西向东呈带状隆起。此后，山势趋缓，为海拔500m左右的丘陵，东有越王坪（海拔669m）、彩峰尖（海拔774m）、双峰尖（海拔667m）和海峰尖（海拔672m）。

天目山脉：天目山脉为浙江省主干山脉仙霞岭北支，自江西怀玉山经安徽黄山蜿蜒入境，横亘境内大部分地区，总体走向从西北向东南，西起浙皖边界的清凉峰（海拔1787m），东至临安与余杭交界的窑头山（海拔1094m）；主脉自清凉峰向东北逶迤，有龙塘山（海拔1586m）、长坪尖（海拔1226m）、马啸岭（海拔1502m）、百丈岭（海拔1334m）、纤岭（海拔1014m）、童公尖（海拔1554m）、千顷山（海拔1347m）和照君岩（海拔1449m）；支脉纵横，有柳岭（海拔730m）、芦塘岭（海拔885m）、尖山岭（海拔853m）、康山岭（海拔948m）、滴水岩（海拔1217m）等；主脉经道场坪（海拔963m）向东北后，地势下降，有桐关岭（海拔536m）和千秋关（海拔398m），至老虎坪山势回升，即为并峙境内的东、西天目山。西天目山为我国著名的国家级自然保护区，也是浙江省唯一加入国际生物圈保护区网络的自然保护区。西天目山（海拔1506m）和东天目山（海拔1479m）之北，与安吉交界，有龙王山（海拔1587m）、千亩田（海拔1550m）、仰天坪（海拔1248m）、平顶山（海拔1109m）、茶叶坪（海拔1141m）、草山（海拔1122m）、大山岭（海拔988m）、木公山（海拔1059m）、和尚山（海拔1024m）、烂田坞（海拔1134m）、仙人石（海拔1059m）、红桃山（海拔1029m）、窑头山（海拔1095m）等，山势向东趋低，自与余杭区交界的径山（海拔769m）起，山势消失于杭州湾和杭嘉湖平原之间。

低山丘陵：低山丘陵在临安中部、南部、东部，由于天目山脉和昱岭山脉的延伸，以及昌化溪、天目溪的切割，形成大片低山丘陵。南苕溪流域为境内主要低山丘陵区。干流自太湖源镇的杨桥、浪口以下；支流锦溪自玲珑街道的夏禹桥以下，地势开阔，山丘低缓。典型的低山有大王山（海拔560m）、米积山（海拔407m）、九仙山（海拔392m）、玲珑山（海拔358m）等；锦城街道自横溪、横潭以下至青山湖街道，为全区最大的河谷小平原，沿溪有华石岩（海拔125m）、功臣山（海拔157m）、安国山（海拔92m）、石镜山（海拔92m）、琴山（海拔139m）、鹤山（海拔236m）、公山（海拔311m）、母（姥）山（海拔171m）、青山（海拔150m）、大涤山（海拔299m）等。中苕溪流域高乐、横畈以下，亦属低山丘陵，并有河谷小平原。典型的低山有高虹镇与锦北街道之间的双林山（海拔413m）。天目溪流域各支流自西天目、藻溪、太阳以下，经於潜至潜川、乐平，形成大片丘陵宽谷与河谷小平原。典型的低山有甲子山（海拔419m）、鹤山（海拔453m）、绿筠坪（海拔140m）、凰山（海拔298m）、地风山（海拔261m）、乌金山（海拔368m）、西菩山（海拔417m）、白云山（海拔711m）等。昌化溪流域，自龙岗经昌化至河桥一带，两岸稍阔，多为海拔200～300m低山丘陵，典型的低山有武隆山（海拔340m）。境南低山丘陵与淳安、建德、桐庐延伸而来的千里岗低山丘陵连成一片。

五、水系

天目山脉横亘全境，峰峦起伏绵延，溪沟纵横切割，造成水系流向复杂。境内有南苕溪、中苕溪、天目溪和昌化溪四条主要溪流，分属长江、钱塘江两大水系。中苕溪、南苕溪向东流出境，合于余杭，注入太湖，属长江水系；天目溪、昌化溪合于潜川镇紫溪村，向南流出区境，汇入分水江，属钱塘江水系。

南苕溪，为东苕溪上游干流，发源于东天目山北的马尖岗（海拔1271m），有南溪、潘溪、马溪、锦溪、横溪、灵溪6条主要支流汇入，境内全长65.6km，流域面积620.8km²，天然落差305m，平均流量4.82m³/s。青山街道公、母（姥）

山之间建有青山水库大坝。

中苕溪，为东苕溪主要支流，上游有两条支流——仇溪和猷溪。仇溪发源于高虹镇木公山（海拔1059m）；猷溪发源于临安与安吉交界的青草湾岗（海拔1073m）。仇溪和猷溪自高陆汇合后，汇石门、高虹之水，至雅观以下，汇白水溪、汇横畈之水，流往余杭。中苕溪境内全长47.8km，流域面积185.6km²，天然落差680m，平均流量1.49m³/s。

天目溪，发源于临安与安吉交界的桐坑岗（海拔1506m），源头为东关溪，虞溪、丰陵溪、藻溪、交溪、富源、浪溪、昔溪7条主要支流汇入，境内全长56.8km，流域面积788.3km²，天然落差1010m，平均流量11.48m³/s。干流流经西天目、绍鲁、於潜、堰口、塔山、紫水、乐平等地，流入桐庐县分水江。

昌化溪，为境内最大溪流，发源于安徽绩溪县荆州岭饭蒸尖（海拔1349m），有仁里溪、昌北溪、桃花溪、柘林坑溪、合溪、昌西溪、颊口溪、沥溪、沃溪、濊溪、紫溪11条主要支流汇入，流经岛石、昌化，至於潜紫溪与天目溪会合，境内全长96km，流域面积1376.7km²，天然落差920m，平均流量23.42m³/s。

六、土壤

临安境内土壤主要为红壤土、黄壤土、岩性土、水稻土、潮土和山地草甸土6个土类，15个亚类，34个土属，64个土种。

红壤土是临安主要的地带性土壤，也是本区面积最大、分布最广的一个土类。主要分布在海拔650m以下的低山丘陵地区，面积约1.75×10^5hm²，占全区土壤面积的58.94%。红壤多发育于泥岩、砂岩、页岩、凝灰岩、花岗岩、流纹岩、砂砾岩以及第四纪红土。由于母岩种类多，再加上不同地质时期的岩性差异，使红壤类型繁多。红壤具有富铝化和高岭化的特征，黏粒的硅铝率为2.0～2.5，由于盐基的大量淋失，土壤呈强酸性或酸性反应，pH值4.5～5.5。境内红壤土具有优越的湿热气候条件和较好的地形条件，土层深厚，肥力较高，是发展树木、竹笋、茶、果等经济林的重要土壤资源。

黄壤土也是临安的地带性土壤。主要分布在西部和北部海拔650m以上的中、低山区，面积约6.04×10^4hm²，占全区土壤面积的20.32%。土壤母岩多为流纹岩、花岗岩、凝灰岩等。在湿润的亚热带森林下，富铝化作用较红壤弱，黏粒的硅铝率约为2.5，黄壤土呈酸性或强酸性反应，pH值4.5~5.5，土层厚度50～80cm。黄壤土的自然植被有薪炭林、用材林等，植物生长茂盛，开发利用潜力很大，其中大部分为宜林地，部分植被茂盛可发展牧业和药材生产。

岩性土亦称黑色石灰土类，由石灰岩、泥质灰岩及石灰性紫色砂页岩等风化发育而成。面积约$3.26 \times 10^4 hm^2$，占全区土壤面积的10.97%。岩性土土壤质地黏重，但砾石含量较高（一般超过25%），核粒状结构明显，呈中性至微碱性反应，pH值6.5～7.5。矿质营养丰富，有效阳离子交换量较高，盐基饱和度在90%以上。交换性盐基中以钙、镁为主，钙饱和度在40%以上。岩性土的植被以山核桃为主，也有山茱萸、桑、柏等，岩性土适合发展山核桃等干果类经济树种。

水稻土类广泛分布在境内丘陵岗背、低山丘陵缓坡、山垄及河谷，面积约$2.87 \times 10^4 hm^2$，占全区土壤面积的9.66%。土壤质地较轻，一般以壤土为主，黏性土较少。土壤酸碱性以微酸性为主。耕作层较浅，有机质含量较高，约为3.0%。

潮土主要分布在昌化溪、天目溪、苕溪等中下游河谷平原区，面积约$266.67 hm^2$。母质为近代溪流的冲、洪积体，地势平坦，土层深厚，达1m以上。土壤受地下水升降和地表水渗漏的影响，土壤质地较轻，pH值6.0～7.5，养分含量偏低，耕作层有机质含量约为1.5%。

山地草甸土主要分布在千亩田、道场坪等中山夷平面上，面积$66.67 hm^2$。母质以花岗岩、千枚岩为主。山地草甸土是腐殖质积累和潴育化过程而形成的半成土，土层深厚，表土层厚约50cm，有机质含量高达6%。土壤黑色、松散富有弹性，pH值5.5～6.0，核粒状结构明显，速效磷、钾含量高。

七、森林植被

临安森林植被在全国植被区划中属亚热带常绿阔叶林东部亚区，中亚热带常绿阔叶林北部亚地带，浙皖山地青冈、苦槠林植被区，天目山、古田山丘陵山地植被片。植被类型和植物区系复杂，大致可分针叶林植被、阔叶林植被、灌丛植被、草丛植被、沼泽及水生植被、园林植被6个类型。临安森林植被垂直分布明显，海拔250m以下低丘坡地以人工植被为主，主要分布有茶、桑、果、竹、杉木、马尾松等树种组成的纯林或混交林；海拔250～800m的低山丘陵地为天然次生植被或人工植被，主要分布有青冈、苦槠、木荷、麻栎、润楠类、栲类、杉木、马尾松、毛竹等树种组成的常绿阔叶林、针叶林、针阔混交林，其中，在石灰岩地区广布有山核桃、山茱萸、柏木等树种组成的纯林或混交林；海拔800～1200m的中低山为天然次生植被，主要分布有黄山松、柳杉、槭属、椴属、桦木属和茅栗等树种组成的纯林或混交林；海拔1200m以上为山顶矮林灌木丛和山地草甸。龙塘山、西天目山森林植被垂直带谱的变化比较明显，随着海拔的升高，依次出现常绿阔叶林、常绿落叶阔叶混交林、针阔混交林、落叶阔叶林、山顶矮林、山顶灌丛等植被景观。

第二章｜临安珍稀野生植物区系组成与特征

一、临安珍稀野生植物物种组成

通过调查，共采集标本1000余号，经鉴定统计，临安境内共有珍稀野生植物45科99属132种（含种下等级，下同），种、属比为1.33。对该区珍稀野生植物的物种组成进行分析，按类群分，蕨类植物2科2属2种，裸子植物3科5属6种，被子植物40科92属124种，其中双子叶植物36科54属65种，单子叶植物4科38属59种（表1）。按保护级别分，国家Ⅰ级重点保护野生植物5种，国家Ⅱ级重点保护野生植物20种，《濒危野生动植物种国际贸易公约（2016年）》附录Ⅱ收录51种，浙江省重点保护野生植物57种，分别占临安珍稀野生植物的3.79%、15.15%、38.64%和43.18%（表2）。按生活型分，木本植物49种，占总数的37.12%，其中常绿乔木7种，落叶乔木28种，常绿灌木4种，落叶灌木10种；草本植物83种，占总数的62.88%，其中一年生草本2种，多年生草本79种，草质藤本2种（表3）。

表1　临安珍稀野生植物组成

类群	科数	比例%①	属数	比例%	种数	比例%
蕨类植物	2	4.44	2	2.02	2	1.52
裸子植物	3	6.67	5	5.05	6	4.54
被子植物	40	88.89	92	92.93	124	93.94
双子叶植物	36	80.00	54	54.55	65	49.24
单子叶植物	4	8.89	38	38.38	59	44.70
合计	45	100.00	99	100.00	132	100.00

①注："比例%"指占临安所有珍稀野生植物总科/属/种数的比例。

表2 临安珍稀野生植物保护级别

保护级别	种数	比例%
国家Ⅰ级重点保护野生植物	5	3.79
国家Ⅱ级重点保护野生植物	20	15.15
《濒危野生动植物种国际贸易公约（2016年）》附录Ⅱ	51	38.64
浙江省重点保护野生植物	57	43.18

表3 临安珍稀野生植物生活型组成

生活型		种数	比例%
木本	常绿乔木	7	5.30
	落叶乔木	28	21.21
	常绿灌木	4	3.03
	落叶灌木	10	7.58
	小　计	49	37.12
草本	一年生	2	1.52
	多年生	79	59.84
	草质藤本	2	1.52
	小　计	83	62.88
合计		132	100.00

二、科的区系分析

科是植物分类学中的一个自然类群，也是分类学中的一个中等分类阶元，而科在植物区系分析时，则是一个高级分类阶元。对一个较大区域的植物区系进行科的分析是揭示该地区区系起源、性质和特征的重要途径。

（一）科的大小分析

临安分布的珍稀野生植物中，按各科所含种数的多寡可以分为4组（表4）。含50种以上的大科仅有1个，占该区总科数的2.22%，为兰科Orchidaceae（32/51）[①]。含20～49种的较大科和10～19种的中科在该区无分布。

①：属数/种数，含种下等级，下同

含5～9种的小科有3个，占该区总科数的6.67%，分别为木兰科Magnoliaceae（2/5）、小檗科Berberidaceae（4/5）和百合科Liliaceae（4/6）。

含2～4种的寡种科有14个，占该区总科数的31.11%，分别为松科Pinaceae（2/2）、红豆杉科Taxaceae（2/3）、蜡梅科Calycanthaecae（2/2）、樟科Lauraceae（3/3）、罂粟科Papaveraceae（1/3）、榆科Ulmaceae（4/4）、桦木科Betulaceae（2/2）、秋海棠科Begoniaceae（1/2）、蔷薇科Rosaceae（4/4）、豆科Leguminosae（3/4）、鼠李科Rhamnaceae（1/2）、槭树科Aceraceae（1/3）、芸香科Rutaceae（2/2）和五加科Araliaceae（2/2）。

仅含1种的单种科有27个，占该区总科数的60.00%，分别为石杉科Huperziaceae（1/1）、水韭科Isoetaceae（1/1）、银杏科Ginkgoaceae（1/1）、毛茛科Ranunculaceae（1/1）、木通科Lardizabalaceae（1/1）、清风藤科Sabiaceae（1/1）、连香树科Cercidiphyllaceae（1/1）、金缕梅科Hamamelidaceae（1/1）、杜仲科Eucommiaceae（1/1）、胡桃科Juglandaceae（1/1）、壳斗科Fagaceae（1/1）、石竹科Caryophyllaceae（1/1）、蓼科Polygonaceae（1/1）、芍药科Paeonioideae（1/1）、山茶科Theaceae（1/1）、安息香科Styracaceae（1/1）、虎耳草科Saxifragaceae（1/1）、瑞香科Thymelaeaceae（1/1）、黄杨科Buxaceae（1/1）、葡萄科Vitaceae（1/1）、省沽油科Staphyleaceae（1/1）、伞形科Umbelliferae（1/1）、龙胆科Gentianaceae（1/1）、茜草科Rubiaceae（1/1）、忍冬科Caprifoliaceae（1/1）、黑三棱科Sparganiaceae（1/1）和禾本科Gramineae（1/1）。

表4 临安珍稀野生植物科的分组

分组	科数	比例%	属数	比例%	种数	比例%
大科（50种以上）	1	2.22	32	32.32	51	38.64
较大科（20～49种）	0	0.00	0	0.00	0	0.00
中科（10~19种）	0	0.00	0	0.00	0	0.00
小科（5~9种）	3	6.67	10	10.10	16	12.12
寡种科（2～4种）	14	31.11	30	30.30	38	28.79
单种科（1种）	27	60.00	27	27.28	27	20.45
合计	45	100.00	99	100.00	132	100.00

（二）科的区系地理分析

根据陆树刚（2004）对中国蕨类植物科和吴征镒（2003）对世界种子植物科的分布区类型的划分，将临安珍稀野生植物45科分为6个分布型和4个变型（表5）。

表5　临安珍稀野生植物区系科的统计分析

分布区类型	该区科数	比例%*	R/T值
1. 世界分布	16	−	
2. 泛热带分布	5	17.24	
3. 东亚（热带、亚热带）及热带南美间断分布	4	13.79	热带地理成分分布型共10科，占22.22%**
7d. 全分布区东达新几内亚分布	1	3.45	
8. 北温带分布	5	17.24	
8-4. 北温带及南温带间断分布	8	27.59	
8-5. 欧亚和南美洲温带间断分布	1	3.45	温带地理成分分布型共19科，占42.22%**；热/温=0.53
9. 东亚及北美间断分布	2	6.90	
14SJ. 中国-日本分布	1	3.45	
15. 中国特有分布	2	6.90	

注：*除去世界分布科，**包括世界分布科。

（1）世界分布，共有16科，占该区域总科数的35.56%，分别为石杉科、水韭科、毛茛科、榆科、石竹科、蓼科、虎耳草科、蔷薇科、豆科、瑞香科、鼠李科、伞形科、龙胆科、茜草科、禾本科和兰科。这些科有一些以水生或湿生草本为主，如禾本科、毛茛科等；另有一些科以灌木为主，如鼠李科、蔷薇科等。

（2）泛热带分布，共有5科，占该区域总科数的17.24%（除去世界分布科统计，下同）。该区域的珍稀植物科中，只存在热带分布正型，没有变型，分别为樟科、山茶科、秋海棠科、葡萄科和芸香科。

（3）东亚（热带、亚热带）及热带南美间断分布，共有4科，占该区域总科数的13.79%，有木通科、安息香科、省沽油科和五加科。

（4）热带亚洲分布有1个变型，即全分布区东达新几内亚分布，仅有1科，占该区域总科数的3.45%，为清风藤科。

（5）北温带分布，共有14科，包括1个正型和2个变型，是临安珍稀植物的第二大分布区类型，占该区域总科数的48.28%。北温带分布这一正型有5科，分别为松科、芍药科、槭树科、忍冬科和百合科；变型北温带及南温带间断分布有8科，分别为红豆杉科、罂粟科、金缕梅科、胡桃科、壳斗科、桦木科、黄杨科和黑三棱科；变型欧亚和南美洲温带间断分布有1科，为小檗科。

（6）东亚及北美间断分布，共有2科，占该区域总科数的6.90%，分别为木兰科和蜡梅科。

（7）东亚分布仅有1个变型，即中国–日本分布，仅有1科，占该区域总科数的3.45%，为连香树科。

（8）中国特有分布，共有2科，占该区域总科数的6.90%，分别为银杏科和杜仲科。

三、属的区系分析

属的分类学特征比较稳定，同一属所包含的种一般具有同一起源和相似的进化趋势，因此属这一分类单位具有比较明显的地区性差异，能较好地划分界限，且属比科更能具体反映植物的系统发育与进化情况以及地理演化。因此，对属的区系统计分析更利于阐明一个地区的植物区系特征。

（一）属的大小分析

将临安珍稀野生植物99属按所含物种数的多少分组，可以分为2组，寡种属（含2～5种的属）与单种属（含1种的属）（表6）。

寡种属有18个，占该区总数的18.18%，这些属中以木本为主的属有4个，分别为榧树属Torreya、木兰属Magnolia、小勾儿茶属Berchemiella和槭属Acer；以草本为主的属有14个，分别为鬼臼属Dysosma、紫堇属Corydalis、秋海棠属Begonia、豇豆属Vigna、重楼属Paris、羊耳蒜属Habenaria、绶草属Spiranthes、舌唇兰属Platanthera、玉凤花属Habenaria、头蕊兰属Cephalanthera、斑叶兰属Goodyera、兰属Cymbidium、虾脊兰属Calanthe和石豆兰属Bulbophyllum。

单种属有81个，占该区总数的81.82%，这些属中以木本为主的属有37个，分别为银杏属*Ginkgo*、金钱松属*Pseudolarix*、黄杉属*Pseudotsuga*、红豆杉属*Taxus*、鹅掌楸属*Liriodendron*、夏蜡梅属*Sinocalycanthus*、蜡梅属*Chimonanthus*、樟属*Cinnamomum*、木姜子属*Litsea*、楠属*Phoebe*、猫儿屎属*Decaisnea*、泡花树属*Meliosma*、连香树属*Cercidiphyllum*、银缕梅属*Parrotia*、杜仲属*Eucommia*、朴属*Celtis*、青檀属*Pteroceltis*、榆属*Ulmus*、榉属*Zelkova*、枫杨属*Pterocarya*、水青冈属*Fagus*、榛属*Corylus*、铁木属*Ostrya*、杨桐属*Adinandra*、秤锤树属*Sinojackia*、栒子属*Cotoneaster*、石楠属*Photinia*、鸡麻属*Rhodotypos*、蔷薇属*Rosa*、红豆属*Ormosia*、瑞香属*Daphne*、黄杨属*Buxus*、省沽油属*Staphylea*、黄檗属*Phellodendron*、花椒属*Zanthoxylum*、香果树属*Emmenopterys*和七子花属*Heptacodium*；以藤本为主的属有1个，为崖爬藤属*Tetrastigma*；以草本为主的属有43个，分别为石杉属*Huperzia*、水韭属*Isoetes*、淫羊藿属*Epimedium*、黄连属*Coptis*、红毛七属*Caulophyllum*、牡丹草属*Gymnospermium*、孩儿参属*Pseudostellaria*、荞麦属*Fagopyrum*、芍药属*Paeonia*、黄山梅属*Kirengeshoma*、大豆属*Glycine*、人参属*Panax*、羽叶参属*Pentapanax*、藁本属*Ligusticum*、睡菜属*Menyanthes*、贝母属*Fritillaria*、延龄草属*Trillium*、白穗花属*Speirantha*、薏苡属*Coix*、黑三棱属*Sparganium*、杓兰属*Cypripedium*、天麻属*Gastrodia*、肉果兰属*Cyrtosia*、沼兰属*Malaxis*、兜被兰属*Neottianthe*、无柱兰属*Amitostigma*、阔蕊兰属*Peristylus*、朱兰属*Pogonia*、火烧兰属*Epipactis*、白及属*Bletilla*、独蒜兰属*Pleione*、独花兰属*Changnienia*、杜鹃兰属*Cremastra*、山兰属*Oreorchis*、带唇兰属*Hylophila*、石斛属*Dendrobium*、毛兰属*Eria*、隔距兰属*Cleisostoma*、象鼻兰属*Nothodoritis*、萼脊兰属*Sedirea*、旗唇兰属*Vexillabium*、叠鞘兰属*Chamaegastrodia*和盆距兰属*Gastrochilus*。

表6 临安珍稀野生植物属的分组

分组	属数	属的比例%	所含种数	种的比例%
寡种属（2~5种）	18	18.18	51	38.64
单种属（1种）	81	81.82	81	61.36
合计	99	100.00	132	100.00

（二）属的区系地理分析

根据陆树刚（2004）对中国蕨类植物属和吴征镒（1991）对中国种子植物属的分布区类型的划分，将临安珍稀野生植物99属分为13个分布型和9个变型（表7）。

（1）世界分布共有5属，占该区总属数的5.05%，分别为石杉属、水韭属、金钱松属、沼兰属和羊耳蒜属。

（2）泛热带分布共有8属，占该区总属数的8.51%（不包括世界广布，下同），包括1个正型和1个变型。泛热带分布这一正型有7属，分别为朴属、秋海棠属、红豆属、豇豆属、黄杨属、花椒属和虾脊兰属；变型热带亚洲、大洋洲（至新西兰）和中、南美洲（或墨西哥）间断分布有1属，为羽叶参属。

（3）热带亚洲和热带美洲间断分布共有3属，均为木本植物，占该区域总属数的3.19%，分别为木姜子属、楠属和泡花树属。

（4）旧世界热带分布有1个变型，即热带亚洲、非洲（或东非、马达加斯加）和大洋洲间断分布，仅有1属，为肉果兰属。

（5）热带亚洲至热带大洋洲分布，共有6属，占总属数的6.38%，分别为樟属、崖爬藤属、天麻属、阔蕊兰属、兰属和毛兰属。

（6）热带亚洲至热带非洲分布，共有2属，占该区总属数的2.12%，包括1个正型和1个变型。正型热带亚洲至热带非洲分布有1属，为大豆属；变型热带亚洲和东非或马达加斯加间断分布有1属，为杨桐属。

（7）热带亚洲（印度—马来西亚）分布，共有6属，占该区总属数的6.38%，包括1个正型和1个变型。热带亚洲（印度—马来西亚）分布这一正型有5属，占总属数的5.32%，分别为薏苡属、斑叶兰属、带唇兰属、石斛属和盆距兰属；变型热带印度至华南（尤其云南南部）分布有1属，为独蒜兰属。

（8）北温带分布，共有24属，占总属数的25.53%，包括1个正型和1个变型。北温带分布这一正型有22属，是该区最大的分布区类型，分别为红豆杉属、黄连属、紫堇属、银缕梅属、榆属、水青冈属、榛属、铁木属、芍药属、枸子属、蔷薇属、省沽油属、藁本属、睡菜属、贝母属、杓兰属、绶草属、兜被兰属、舌唇兰属、玉凤花属、头蕊兰属和火烧兰属；变型北温带和南温带（全温带）间断分布有2属，分别为槭属和黑三棱属。

（9）东亚和北美洲间断分布共有10属，占总属数的10.64%，分别为黄杉属、

表7　临安种子植物区系属的统计分析

分布区类型及变型	该区属数	比例%*	所含种数	R/T值
1. 世界分布	5	—	7	
2. 泛热带分布	7	7.45	11	
2-1. 热带亚洲、大洋洲（至新西兰）和中、南美洲（或墨西哥）间断分布	1	1.06	1	
3. 热带亚洲和热带美洲间断分布	3	3.19	3	热带性质属有26个，占总属数的26.26%**
4-1. 热带亚洲、非洲（或东非、马达加斯加）和大洋洲间断分布	1	1.06	1	
5. 热带亚洲至热带大洋洲分布	6	6.38	7	
6. 热带亚洲至热带非洲分布	1	1.06	1	
6-2. 热带亚洲和东非或马达加斯加间断分布	1	1.06	1	
7. 热带亚洲（印度-马来西亚）分布	5	5.32	7	
7-2. 热带印度至华南（尤其云南南部）分布	1	1.06	1	
8. 北温带分布	22	23.40	32	
8-4. 北温带和南温带（全温带）间断分布	2	2.13	4	
9. 东亚和北美洲间断分布	10	10.64	14	温带性质属有68个，占总属数的68.69%**；R/T值为0.38
10. 旧世界温带分布	5	5.32	7	
10-1. 地中海区、西亚（或中亚）和东亚间断分布	1	1.06	1	
11. 温带亚洲分布	1	1.06	1	
13. 中亚分布	1	1.06	5	
14. 东亚分布	4	4.26	4	
14-1. 中国-喜马拉雅（SH）分布	2	2.13	3	
14-2. 中国-日本（SJ）分布	9	9.57	10	
15. 中国特有分布	11	11.70	11	
合计	99		132	

注：*除去世界分布属；**包括世界分布属。

榧树属、木兰属、鹅掌楸属、夏蜡梅属、红毛七属、石楠属、人参属、延龄草属和朱兰属。

（10）旧世界温带分布，共有6属，占总属数的6.38%，包括1个正型和1个变型。旧世界温带分布这一正型有5属，分别为淫羊藿属、牡丹草属、荞麦属、瑞香属和重楼属；变型地中海区、西亚（或中亚）和东亚间断分布有1属，为桦属。

（11）温带亚洲分布，仅有1属，占总属数的1.06%，为孩儿参属。

（12）中亚分布，仅有1属，占总属数的1.06%，为石豆兰属。

（13）东亚分布共有15属，占该区总属数的15.96%，包括1个正型和2个变型。东亚分布这一正型有4属，分别为无柱兰属、白及属、杜鹃兰属和山兰属；变型中国-喜马拉雅（SH）分布有2属，分别为鬼臼属和猫儿屎属；变型中国-日本（SJ）分布有9属，分别为连香树属、枫杨属、黄山梅属、鸡麻属、小勾儿茶属、黄檗属、萼脊兰属、旗唇兰属和叠鞘兰属。

（14）中国特有分布，共有11属，占本区总属数的11.70%，分别为银杏属、蜡梅属、杜仲属、青檀属、秤锤树属、香果树属、七子花属、白穗花属、独花兰属、隔距兰属和象鼻兰属。

四、临安珍稀野生植物区系特征

1. 临安珍稀野生植物种类丰富。拥有珍稀野生植物45科99属132种，其中蕨类植物2科2属2种，裸子植物3科5属6种，被子植物40科92属124种。各类群物种数差异较大，蕨类植物和裸子植物较少，被子植物占优势。被子植物中双子叶植物占优势，其科、属、种数分别占整个区系的80.00%、54.55%和49.24%。虽然临安珍稀野生植物受旅游开发、人为活动影响较大，植被遭受过较为严重的人为破坏，但是珍稀野生植物种类仍很丰富。

2. 区系地理成分复杂，古老植物丰富。本区珍稀野生植物区系中含有许多古老、原始的科和属。如蕨类植物中的水韭属起源于三叠系。裸子植物中的银杏起源于二叠系，松杉纲始见于三叠系至侏罗系。被子植物也保存了较多的原始类群，如柔荑花序类的榆科、壳斗科起源于侏罗系至白垩系，鹅掌楸属起源于始新统至中新统；毛茛科、木通科、桦木科、青檀属、樟属、木姜子属等起源于第四纪冰期。

3. 温带特征明显，兼具热带亲缘性。本区45科99属珍稀野生植物中，温带性质的分布类型共19科68属，分别占总科、属数的42.22%和68.69%，分别比热带成分高出20.00%和42.43%。其中北温带分布14科24属，分别占温带科、属数的73.68%和35.29%，占总科、属数的31.11%和24.24%。北温带分布类型属中寡种属比例较大，典型的北温带分布属在该区均有分布，如榆属、水青冈属、蔷薇属等。临安珍稀野生植物区系以温带分布为主，区系中典型的热带成分出现很少，其热带成分大多为向北延伸至亚热带甚至温带的衍生种类，表明该区植物区系的温带特征明显。

4. 过渡性明显。该区域处于东亚植物区系中国－日本森林植物区系的核心部位，有东亚分布类型15属，占总属数的15.15%，该分布类型在本区系中有着特别重要的意义。榧树、鹅掌楸、夏蜡梅、天目木兰等是本区常见的珍稀野生植物，表明临安植物区系与北美植物区系有着比较密切的亲缘关系。热带地理分布类型的属共26个，占总属数的26.26%，其中以泛热带分布型的属最多，达8个，占热带属的30.77%。热带地理分布型中乔木属较少，典型的有樟属、楠属、木姜子属等，其余多为灌木、草本植物，且绝大多数属为延伸到亚热带和温带的成分，较多的过渡性属表明该地具有明显的向暖温带过渡的性质。同时该区热带性质科、属与温带性质科、属的比值（R/T值）分别为0.53和0.38，表明该区具有温带性质较强的由亚热带向温带的过渡区系性质。

5. 特有现象不明显。本地区中国特有属有11个，分别为银杏属、蜡梅属、杜仲属、青檀属、秤锤树属、香果树属、七子花属、白穗花属、独花兰属、隔距兰属和象鼻兰属，占本区总属数的11.11%，特有现象不明显，表明临安不处于现代维管束植物的分布中心和分化中心。

第三章｜临安珍稀野生植物保护现状与对策

一、现状与问题

目前，临安已建立了天目山、清凉峰2个国家级自然保护区和青山湖国家森林公园，11个省级珍稀野生植物保护区、3个区级珍稀野生植物保护小区，其中天目山属野生植物类型自然保护区，主要保护对象为银杏、连香树、鹅掌楸等珍稀野生植物，清凉峰属森林和野生动物类型自然保护区，主要保护东南沿海季风区中山丘陵森林生态系统及珍稀野生动植物为主。

虽然绝大多数珍稀野生植物得以保护，但保护工作中仍存在一些问题：（1）珍稀野生植物保护的法律、规章还有待完善；（2）人们的保护意识仍有待提高，对野生植物资源的破坏现象时有发生；（3）管理机构力量薄弱、手段比较落后；（4）随着社会经济的发展，人们对自然索取财富越来越多，植物种质资源流失现象还时有发生。因此，仍须加强珍稀野生植物的保护工作。

二、保护对策

保护自然既是人类未来的需要，更是当代生活的需要。世界自然基金会（WWF）等一些重要的国际组织认为，21世纪是生物多样性保护的关键时期，而珍稀濒危物种应视为优先保护之列。保护的目标是通过不减少基因和物种多样性，不毁坏重要的生境和生态系统的方式，尽快挽救和保护濒危的生物资源，以保证生物多样性持续发展和利用。根据临安珍稀野生植物的分布特点、保护现状和濒危机制，建议采取以下保护对策：

（一）制定科学宏观的保护规划，健全保护管理机制

遵循保护生境是保护物种资源的原则，制定宏观的保护规划，以确保原生境保护。以保护、迁移及建立基因库的方式，多渠道进行珍稀野生植物的科学保护。目前临安境内已建有2个国家级自然保护区，但仍需加大对特殊群体的保护力度，防止保护区内极度濒危的物种，如天目铁木、羊角槭、黄杉等因环境破坏、极端天气、地质灾害等影响而减少或部分消失。对不在保护区内的珍稀野生植物，如中华水韭、细果秤锤树、玉兰叶石楠等，在物种保护的同时兼顾生境保护，设立保护小区。健全保护管理机制，制定适合区情的保护管理条例或法规，逐步配备专业的保护管理人员和经费，设立自然保护专项基金，同时要加强执法力度，依法严厉打击破坏珍稀野生植物的违法行为，确保珍稀野生植物的有效管理。

（二）开展就地保护和迁地保存工作

就地保护是通过原生境保护对珍稀野生植物进行保护，是一种最为有效的保护措施，它不仅保存了植物种群，也保护了植物赖以生存的生态环境，进而防止了植物生存状况的继续恶化。临安珍稀野生植物类型多样，有乔木、灌木和草本，应以建立自然保护区进行保护为主，使其维持正常的自然更新，以利于珍稀野生植物的生存和繁衍。

迁地保护就是将珍稀野生植物迁入到人工环境中或异地实施保护，即在自然生境以外的地方对保护对象进行保护，是对就地保护的必要补充，它已经成为全球生物多样性保护行动计划的一个重要组成部分。在自然条件下，当植物物种面临退化和灭绝威胁时，人们必须对其进行迁地保护，从长远的观点来看，对于植物资源的保护和可持续利用是必不可少的。2000年，中国迁地保护工作覆盖率不到40%，"十二五"期间，全国各植物园努力使这一数字达到80%以上。迁地保护的主要承担载体为植物园和树木园，以收集、保存多样性的植物为基本特征。据统计，我国建有160多个植物园和树木园，引种栽培了396科3633属23000余种中国区系植物，分别约占全国科、属、种数的91%、86%和60%，其中国家重点保护野生植物（第一批）已有85%（约270种）被引种保存。我国收集、保存野生和受威胁植物超过300种的植物园有华南植物园、西双版纳植物园、昆明

植物园、武汉植物园、南京中山植物园、桂林植物园等。这些植物园已经或正在建立迁地保护植物的科学记录系统和微机管理系统，它们被誉为挽救植物的"方舟"。

临安珍稀野生植物迁地保存方面，浙江农林大学已做了大量的工作，引种保存了临安境内分布近80%的珍稀野生植物，在物种濒危机制、繁殖技术、野外回归等方面开展了大量研究，但仍需进一步加强物种的保存、回归等科学研究工作。

（三）加强珍稀野生植物致濒机理与野外回归研究

珍稀野生植物致濒机制以及有效保护关键技术的研究是当前生物多样性保护研究的热点，内容主要涉及生境片断化导致的珍稀野生植物居群变小及其对居群的遗传后果，包括物种的迁入和迁出、基因流、遗传多样性、遗传侵蚀、随机遗传漂变和近交衰退等；珍稀野生植物繁育障碍，包括花粉活力、双受精过程、胚胎发生和发育以及种子萌发困难等有性生殖过程中的薄弱环节；提高结实率、发芽率和种苗繁殖和培育技术，包括人工授粉、营养调控等措施提高种子产量和质量，种子储藏和种子引发等提高播种繁殖成苗率，扦插、组培繁育技术繁育种苗等；迁地保护原理和技术研究，包括回归种苗类型、回归生态环境因子等对植株回归成活、生长和开花结实等的影响，以及回归群体对种群恢复或重建后结实、自然更新以及潜在的花粉流、基因流等的影响。通过揭示致濒机理，可以为珍稀野生植物的科学有效保护提供理论指导和技术支撑。

（四）加强保护科普宣传和专业培训

采用影像、文字、图片等方式进行珍稀野生植物保护的宣传，增强大众保护意识。将保护研究与科普展示相结合，在珍稀植物保存区开辟展示区，让人们了解自然保护事业的重要性。只有全社会自觉行动起来，保护、发展和合理利用珍稀野生植物资源，才能真正实现持续利用和永久保护的目的。

识别和熟悉珍稀野生植物是保护工作的基础，林业、农业等有关部门应定期组织技术人员，尤其是相关管理和执法人员的专业培训工作，请专家讲解珍稀野生植物的形态特征和识别要点、生物学和生态学特性、保护技术措施和方法，有条件可组织现场考察等，从而提高保护执法能力。

此外，应将植物资源的开发利用与保护结合起来，把植物资源管理的经济效益、生态效益和社会效益结合起来，积极组织多学科进行综合研究和多途径保护，在临安珍稀野生植物综合调查与考察的基础上，逐步建立起珍稀野生植物资源的数据库和信息系统，建立种质基因库，使珍稀野生植物真正转危为安。

各　论

蕨类植物

1. 蛇足石杉 | *Huperzia serrata*（Thunb. ex Murray）Trevis.
石杉科 石杉属

别　　名： 蛇足石松、千层塔

保护级别： 浙江省重点保护野生植物

形态特征： 拟蕨类，多年生陆生植物。茎丛生，直立或斜生，高10～30cm，单一或数回二叉分枝，茎上部叶腋有时有芽孢。叶小，螺旋状排列，长椭圆状披针形，先端尖，基部狭楔形，边缘有不规则锯齿，仅具明显中脉。孢子叶与营养叶同大同形；孢子囊肾形，淡黄色，腋生，横裂，孢子同形，极面观为钝三角形，具穴状纹饰。

分布范围： 广布于全区山区，生于海拔200～1000m的林下阴湿处。

保护价值： 名贵珍稀野生药材，具有清热解毒、散瘀消肿、生肌止血等功效。最新研究发现，所含的石杉碱甲具有高抗乙酰胆碱酯酶活性，对于提高记忆力、治疗阿尔茨海默病（老年性痴呆症）具有良好疗效。

2. 中华水韭 | *Isoetes sinensis* Palmer
水韭科 水韭属

别　　名：华水韭

保护级别：国家Ⅰ级重点保护野生植物

形态特征：拟蕨类，多年生沼泽植物，高15～30cm。根状茎肉质，块状，略2～3瓣裂，向上丛生多数覆瓦状排列的叶。叶绿色，长15～30cm，宽1～2mm，先端渐尖，基部变宽成膜质鞘，黄白色，腹部凹入处着生孢子囊。孢子囊异形，椭圆形，具白色盖膜；大孢子囊常生于外围叶片基部向轴面，小孢子囊生于内部叶片基部向轴面。

分布范围：产于锦南街道，生于海拔30～100m的浅水池塘、湿地或山沟沼泽中。

保护价值：中国特有珍稀野生植物，也是古老的孑遗植物，在蕨类植物系统演化研究中具有重要的学术价值。

裸子植物

3. 银杏 | *Ginkgo biloba* Linn.
银杏科 银杏属

别　　名：白果树、公孙树

保护级别：国家Ⅰ级重点保护野生植物

形态特征：落叶高大乔木。树干通直，分枝繁茂，有长短枝。一年生枝淡褐黄色。叶扇形，有多数叉状分支的细脉，在长枝上螺旋状散生，在短枝上簇生。雌雄异株，球花生于短枝顶端的叶腋内，呈簇生状；雄球花具梗，柔荑花序状，下垂，雄蕊多数，螺旋状着生；雌球花具长梗，顶端通常2叉，叉顶各着生1枚胚珠。种子核果状，成熟时外种皮黄或橙黄色，被白粉，肉质，有臭味；中种皮骨质，白色，有2（～3）纵脊；内种皮膜质，黄褐色。花期4月，种子9～10月成熟。

分布范围：产于天目山、太湖源镇，生于海拔250～1000m的沟谷丛林中。

保护价值：中国特有珍稀野生植物，起源古老，对研究裸子植物系统发育、古植物区系、古地理及第四纪冰川气候有重要价值。银杏叶提取物银杏黄酮甙、总萜内酯等具有通畅和软化血管，调节血脂、降血压，保护肝脏等功能。种子具敛肺气、定痰喘、止带浊、止泻泄、解毒等功效。木材结构匀称，纹理致密，耐腐蚀，是工艺雕刻、高档家具以及室内装修的优良木材。叶形奇特而古雅，是优美的庭园观赏树。

4. 金钱松 | *Pseudolarix amabilis*（J. Nelson）Rehd.
松科 金钱松属

别　　名：金松

保护级别：国家 II 级重点保护野生植物

形态特征：落叶高大乔木。树干通直，树皮粗糙，不规则鳞片状。大枝平展，枝有长枝和短枝。叶条形，柔软，在长枝上螺旋状散生，在短枝上簇生呈圆盘形。雌雄同株；雄球花穗状，簇生于短枝顶端；雌球花单生短枝顶端，具短梗。球果当年成熟，直立，卵圆形；种鳞木质，苞鳞小，不露出，球果成熟后种鳞、种子与果轴一同脱落；种子卵圆形，白色，上部具有三角状披针形的翅。花期4~5月，种子10~11月成熟。

分布范围：产于天目山、清凉峰、高虹镇、湍口镇，生于海拔300~1200m的林中。

保护价值：中国特有单种属植物，第三纪子遗植物。树皮入药，具有抗菌消炎、止血等功效。树干通直，是珍贵用材树种。树姿优美，秋叶金黄，是世界五大庭园观赏树种之一。

5. 黄杉 | *Pseudotsuga sinensis* Dode
松科　黄杉属

别　　名：华东黄杉、正松

保护级别：国家 Ⅱ 级重点保护野生植物

形态特征：常绿高大乔木。树干通直，大枝不规则互生，小枝具有微隆起的叶枕。叶螺旋状互生，条形，长2～3cm，先端有凹缺，上面中脉凹下，下面中脉凸起，有两条白色气孔带。雌雄同株；雄球花单生叶腋，雌球花单生侧枝枝顶。球果圆锥状卵形或卵圆形，长3.5～5.5cm，直径2～3cm；苞鳞显露，上部向外反卷，先端3裂，中裂片较长，外缘常有细锯齿；种子三角状卵形，与翅近等长。花期4月，种子10月成熟。

分布范围：产于天目山、清凉峰、龙岗镇、岛石镇，生于海拔300～1000m的山坡林中。

保护价值：树干通直，心材红褐色，纹理直，是优良的珍贵用材树种。树姿雄伟，是优良的园林观赏树种。

6. 南方红豆杉 | *Taxus wallichiana* Zucc. var. *mairei*（Lemée & Lév.）L. K. Fu & Nan Li
红豆杉科 红豆杉属

别　　名：红豆杉、美丽红豆杉、红榧、紫杉

保护级别：国家Ⅰ级重点保护野生植物

形态特征：常绿高大乔木。树皮灰褐色或红褐色，纵裂成长薄片脱落。叶螺旋状互生，基部扭转排成两列；叶片条形，柔软，微弯近镰状，两面中脉隆起，背面有2条淡黄绿色气孔带。雌雄异株，球花单生叶腋；雌球花具短柄，基部具数对交互对生的苞片。种子倒卵形或宽卵形，微扁，两端微具钝脊，顶端有钝尖，生于红色肉质杯状假种皮中；外种皮骨质坚硬；种脐圆形或宽椭圆形。花期3～4月，种子11月成熟。

分布范围：产于全区山区，生于海拔300～1200m的山坡、沟谷林中。

保护价值：中国特有古老孑遗植物。树皮和枝叶含有紫杉醇，是目前发现的最优良的天然抗癌药物。树干通直，边材淡褐色，心材红褐色，纹理直，是珍贵用材树种。树姿古朴，枝叶浓绿，秋季假种皮红色，十分美观，是优良的园林观赏树种。

7. 榧树 | *Torreya grandis* Fortune ex Lindl.
红豆杉科 榧树属

别　　名： 香榧、野榧、羊角榧、榧子、木榧

保护级别： 国家 II 级重点保护野生植物

形态特征： 常绿高大乔木。树皮灰褐色，不规则纵裂。叶片交叉对生，排列成两列；叶片条形，坚硬，先端具有短刺尖，正面中脉不明显，背面有2条微下陷的淡褐色气孔带。雌雄异株；雄球花单生叶腋，具短梗；雌球花成对生叶腋，无梗。种子核果状，椭圆形、卵圆形或倒卵圆形，直径2.0～2.8cm；骨质种皮的内壁较平滑；胚乳微皱。花期4～5月，种子翌年9～10月成熟。

分布范围： 产于全区山区、半山区，生于海拔200～1200m的山坡、沟谷林中。

保护价值： 中国特有的第三纪孑遗植物。种子富含油脂、蛋白质，可供食用和榨油。木材坚硬，结构细致，是优良的用材树种。树姿优美，树冠浓绿，是优良的园林观赏树种。榧树遗传变异丰富，在香榧品种选育和改良中具有重要的价值。

8. 巴山榧树 | *Torreya fargesii* Franch.
红豆杉科 榧树属

别　　名： 铁头枞、紫柏

保护级别： 国家 II 级重点保护野生植物

形态特征： 常绿乔木或灌木。树皮深灰色，不规则纵裂。叶交叉对生，排列成两列；叶片条形，先端具刺状短尖头，基部微偏斜，宽楔形，上面亮绿色，无明显隆起中脉，通常有2条较明显的凹槽，延伸不达中部以上，气孔带较中脉带窄。种子核果状，卵圆形、圆球形或宽椭圆形，肉质假种皮微被白粉，直径约1.5cm，顶端具小凸尖，基部有宿存的苞片；骨质种皮的内壁有明显纵肋；胚乳向内深皱。花期4～5月，种子翌年9～10月成熟。

分布范围： 产于天目山、清凉峰，生于海拔800～1500m的山坡、沟谷林中。

保护价值： 中国特有的第三纪孑遗植物。木材坚硬，结构细致，是优良的用材树种。种子富含油脂、蛋白质，可供食用和榨油。巴山榧具有耐寒、抗旱等优良性状，是香榧良种培育的优良亲本，在品种改良上具有重要的潜在价值。

被子植物

9. 天目木兰 | *Magnolia amoena* W. C. Cheng
木兰科 木兰属

别　　名： 木兰、望春花

保护级别： 浙江省重点保护野生植物

形态特征： 落叶乔木。一年生枝绿色，纤细，无毛，具环状托叶痕。冬芽密被灰白色开展长毛。叶互生；叶片纸质，倒卵状披针形或倒披针状椭圆形，全缘，先端渐尖或急尖呈尾状，基部楔形。花先叶开放，单生枝顶，粉红色，直径约6cm；佛焰苞状苞片紧接花被片；花被片9，均为花瓣状，倒披针形或匙形。聚合果常由于部分心皮不育而弯曲，呈不规则细圆柱形。种子红色，果序梗被灰白色柔毛。花期3月，果期8～10月。

分布范围： 产于天目山、清凉峰、玲珑街道，生于海拔300～1100m的山坡或沟谷林中。

保护价值： 花蕾入药，具润肺止咳、利尿、解毒等功效。树姿优美，早春开花，花大艳丽，是优良的园林观赏树种。

10. 天女花 | *Magnolia sieboldii* K. Koch
木兰科 木兰属

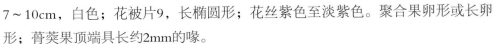

别　　名：小花木兰

保护级别：浙江省重点保护野生植物

形态特征：落叶灌木或小乔木。小枝具环状托叶痕，淡灰褐色，初被银灰色平伏长柔毛。叶互生，膜质，宽倒卵形或倒卵状圆形，全缘，先端短钝尖，基部圆形或宽楔形，下面苍白色，有散生金黄色小点，沿叶脉被白色长绢毛。花与叶同放或先叶后花，花单生枝顶，直径7~10cm，白色；花被片9，长椭圆形；花丝紫色至淡紫色。聚合果卵形或长卵形；蓇葖果顶端具长约2mm的喙。

分布范围：产于清凉峰，生于海拔1400~1600m的沟谷林下。

保护价值：植株秀丽，花姿优美，花洁白芳香，是优良的园林观赏树种。

11. 厚朴 | *Magnolia officinalis* Rehder & E. H. Wilson
木兰科 木兰属

别　　名：紫朴、紫油朴、温朴

保护级别：国家Ⅱ级重点保护野生植物

形态特征：落叶乔木。树皮灰白色或淡褐色，具圆形皮孔。小枝有环状托叶痕。顶芽大，密被黄褐色绢状毛。叶近革质，集生枝端，长圆状倒卵形，先端骤短尖或钝圆，基部楔形，全缘微波状，下面被白粉，被淡灰色卷毛。花芳香，单生枝顶，与叶同放，直径10～15cm；花被片9～12，外轮3片淡绿色，其余乳黄色。聚合果长圆状卵圆形；蓇葖果全发育，具喙。花期4～5月，果期9～10月。

分布范围：产于天目山、高虹镇，生于海拔600～1200m的山坡、沟谷林中。

保护价值：是木兰属中较原始的种类，对研究东亚和北美植物区系及木兰科分类有重要科学意义。树皮为名贵中药，具有化湿导滞、行气平喘、化食消痰、祛风镇痛等功效。木材纹理直，质松软，结构细，为建筑、雕刻、乐器的优良用材。花大而美丽，是优良的园林观赏树种。

12. 凹叶厚朴 | *Magnolia officinalis* Rehder & E. H. Wilson subsp. *biloba* Rehder & E. H. Wilson
木兰科 木兰属

别　　名：厚朴

保护级别：国家 II 级重点保护野生植物

形态特征：落叶乔木。树皮灰白色或淡褐色，具圆形皮孔。小枝有环状托叶痕。顶芽大，密被黄褐色绢状毛。叶近革质，集生枝端，长圆状倒卵形，先端微凹或倒心形，基部楔形，全缘微波状，下面具白粉，被淡灰色不卷曲毛。花芳香，单生枝顶，与叶同放，直径10～15cm；花被片9～12，外轮3片淡绿色，其余乳黄色；聚合果长圆状卵圆形；蓇葖果全发育，具喙。花期5月，果期9～10月。

分布范围：产于天目山、清凉峰、高虹镇，生于海拔400～1400m的山坡、沟谷林中。

保护价值：同厚朴。

13. 鹅掌楸 | *Liriodendron chinense*（Hemsl.）Sarg.
木兰科 鹅掌楸属

别　　名：马褂木、双飘树

保护级别：国家Ⅱ级重点保护野生植物

形态特征：落叶乔木。树皮浅灰色，小枝灰褐色。叶片马褂形，近基部具1对侧裂片，先端2浅裂，下面苍白色，具乳头状白粉，无毛；叶柄长4～12cm。花单生枝顶，杯状，直径5～6cm；花被片9，3轮，外轮萼片状，向外弯垂，内两轮直立，花瓣状，绿色，具黄色纵条纹；雄蕊多数，花药外向开裂；雌蕊群伸出花被，心皮多数。聚合果纺锤形，长7～9cm，具翅小坚果长约6mm，成熟时自花托脱落，花托宿存。花期5月，果期9～10月。

分布范围：产于天目山、清凉峰、龙岗镇，生于海拔700～1200m的山坡、沟谷林中。

保护价值：中国特有古老孑遗植物，对古植物学、植物区系研究有重要价值。木材通直，轻软细密，纹理直，是优良的珍贵用材树种。树干通直，枝叶浓荫，叶形奇特，是优良的园林观赏树种。

14. 夏蜡梅 | *Sinocalycanthus chinensis* (Cheng et S.Y. Chang) Cheng & S. Y. Chang

蜡梅科 夏蜡梅属

别　　名：黄梅花、蜡木、大叶紫、牡丹木、夏梅

保护级别：浙江省重点保护野生植物

形态特征：落叶灌木。叶柄内芽。叶片对生，长13～29cm，宽8～16cm，膜质或薄纸质，宽卵状椭圆形或倒卵状圆形，无毛，先端短尖，基部宽楔形至圆形。花单生于当年生枝顶，直径4～7cm；花被片二型，覆瓦状排列，外花被片11～14，白色带紫晕，内花被片8～12，远较小，与雄蕊均呈黄色。果托坛状；瘦果长圆形，疏被白色绢毛。花期5月，果期9～10月。

分布范围：产于清凉峰、龙岗镇，生于海拔600～1200m的山坡、沟谷林下。

保护价值：中国特有的古老孑遗植物。初夏开花，花大美丽，是优良的园林观赏树种。是蜡梅的近缘种，可作蜡梅品种改良的优良亲本。

15. 蜡梅 | *Chimonanthus praecox*（Linn.）Link
蜡梅科 蜡梅属

别　　名：野腊梅、腊梅

保护级别：浙江省重点保护野生植物

形态特征：落叶丛生灌木。叶对生；叶片纸质，卵状椭圆形至椭圆状披针形，先端渐尖，基部楔形至圆形，近全缘，上面粗糙。花着生于二年生枝条叶腋，先叶开放，芳香，直径1.5～2cm；花被片约16，外围的蜡黄色，无毛，有光泽，内部的较短小，基部有爪，深紫色；雄蕊黄色。果托近木质化，坛状或倒卵状圆形，口部收缩，并具有钻状披针形的被毛附生物。花期11至翌年3月，果期6～7月。

分布范围：产于玲珑街道，生于海拔300～500m的石灰岩山坡灌丛中。

保护价值：我国特有的名贵观赏花木之一，开花于寒月早春，花黄如蜡，清香浓郁，极具观赏价值。全株含丰富的挥发油、生物碱、黄酮和倍半萜类等成分，是香料、医药、化妆品等轻化工业的重要原料。根、茎、叶、花蕾、果入药，具有解热镇痛、抑菌消炎、止咳化痰、降压和改善免疫系统等功效。

16. 樟树 | *Cinnamomum camphora*（L.）J. Presl
樟科 樟属

别　　名：香樟、芳樟、油樟、樟木

保护级别：国家Ⅱ级重点保护野生植物

形态特征：常绿高大乔木。叶互生，卵状椭圆形，长6～12cm，先端急尖，基部宽楔形或近圆，全缘有时微波状，离基三出脉；侧脉及支脉脉腋有明显的腺窝。圆锥花序生于当年枝叶腋，花小，淡黄绿色；花被外面无毛，内面密被短柔毛，花被筒倒锥形。果实卵球形或近球形，直径6～8mm，紫黑色，果时花被片完全脱落；果托杯状，长约5mm，顶端截平，宽达4mm，基部宽约1mm，具纵向沟纹。花期3～4月，果期9～10月。

分布范围：产于全区山区、半山区，生于海拔150～1200m的山坡、沟谷林中。

保护价值：我国南方常绿阔叶林的建群树种。木材纹理通直，具有香气，是优良的高档家具用材。木材及根、枝、叶可提取樟脑和樟油，是重要的医药及香料工用原料。根、果、枝和叶入药，具有祛风散寒、强心镇痉、杀虫等功效。树冠浓郁，树姿雄伟，枝叶繁茂，是优良的园林观赏树种。

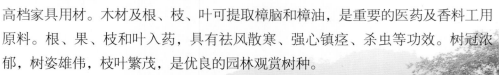

17. 天目木姜子 | *Litsea auriculata* S. S. Chien & W. C. Cheng
樟科 木姜子属

别　　名：芭蕉杨、赤膊树

保护级别：浙江省重点保护野生植物

形态特征：落叶高大乔木，高达25m。树皮灰白色，呈不规则圆片状剥落。小枝粗壮。叶互生，集生于一年生枝顶；叶片宽倒卵形，先端钝尖至钝圆，基部耳形，下面苍绿色，被淡褐色柔毛。花单性，雌雄异株，均成伞形花序腋生，先叶开放；花小，密集，黄色；花梗有毛；苞片8；花被片6；雄花雄蕊9；雌花子房卵形，柱头2裂。果卵形至椭圆形，紫黑色；果托杯状。花期3～4月，果期9～10月。

分布范围：产于天目山、清凉峰、龙岗镇，生于海拔500～1200m的山坡、沟谷林中。

保护价值：我国特有种。树干通直，树皮斑驳，别具特色，是优良的园林观赏树种。

18. 浙江楠 | *Phoebe chekiangensis* C. B. Shang
樟科　楠属

保护级别： 浙江省重点保护野生植物

形态特征： 常绿高大乔木。树干通直，树皮灰白色，呈不规则剥落。小枝褐色，密被黄褐色或灰黑色柔毛或绒毛。叶互生，常集生枝顶，革质；叶片倒卵状椭圆形，长8～15cm，宽3～7cm，先端突渐尖或长渐尖，基部楔形或近圆形；中、侧脉上面下陷，侧脉每边8～10条，横脉及小脉多而密，下面明显。圆锥花序密被黄褐色柔毛；花被片卵形，两面被毛。果实椭圆状卵圆形，长12～15mm，熟时蓝黑色密被白粉；宿存花被片贴紧果实基部。种子具多胚。花期5月，果期10～11月。

分布范围： 产于天目山，生于海拔300～400m的山谷林中。

保护价值： 华东地区特有种。干形通直，出材率高，生长较快，为高级家具用材。树姿挺拔，枝叶浓密，是优良的园林观赏树种。

19. 短萼黄连 | *Coptis chinensis* Franch. var. *brevisepala* W. T. Wang & Hsiao

毛茛科 黄连属

别　　名：黄莲

保护级别：浙江省重点保护野生植物

形态特征：多年生草本。根状茎黄色，具多数须根。叶全部基生，有长柄；叶片薄革质，有光泽，宽达10cm，掌状3全裂，中裂片菱状窄卵形，再羽状深裂，叶缘有锐锯齿，侧裂片不等2深裂，叶脉两面隆起，有毛。花莛长15～25cm，二歧或多歧聚伞花序有花3～8；萼片5，黄绿色，平直不反卷；花瓣约12，先端渐尖，短于萼片；心皮离生有细柄，在花托顶端成伞形状排列。花期3～4月，果期5月。

分布范围：产于天目山、清凉峰、龙岗镇，生于海拔600～1500m的沟谷林下阴湿处。

保护价值：中国特有种。传统名贵中药，根状茎入药，具有清热燥湿、泻火解毒等功效。

20. 红毛七 | *Caulophyllum robustum* Maxim.
小檗科 红毛七属

别　　名： 类叶牡丹

保护级别： 浙江省重点保护野生植物

形态特征： 多年生草本。根状茎粗短。茎生2叶，互生，二至三回三出羽状复叶；小叶卵形，长圆形或阔披针形，先端渐尖，基部宽楔形，全缘；顶生小叶具柄；侧生小叶近无柄。圆锥花序顶生；花淡黄色；苞片3～6；萼片6，倒卵形，花瓣状；花瓣6，远较萼片小，蜜腺状，扇形，基部缢缩成爪；花丝稍长于花药；雌蕊1。种子浆果状，直径6～8mm，微被白粉，熟后蓝黑色，外被肉质假种皮。花期4～5月，果期7～8月。

分布范围： 产于天目山、昌化镇，生于海拔1000～1500m的山坡林下。

保护价值： 根及根状茎入药，具有活血散瘀、清热止痛等功效。

21. 六角莲 │ *Dysosma pleiantha*（Hance）Woodson
小檗科 鬼臼属

别　　名：八角金盘、山荷叶、独脚莲

保护级别：浙江省重点保护野生植物

形态特征：多年生草本，高10～40cm。根状茎粗壮，结节状。叶常两枚对生，近纸质；叶片大，直径16～33cm，盾状着生，近圆形，5～9浅裂，裂片宽三角形，边缘具细锯齿，两面无毛；主脉辐射状。花5～8聚生于两叶片叶柄交叉处，下垂；萼片6，椭圆状长圆形至卵形，早落；花瓣6，倒卵状椭圆形，深紫色；花药2室纵裂；雌蕊1，柱头头状。浆果近球形，熟时紫黑色。花期4～6月，果期8～9月。

分布范围：产于全区山区、半山区，生于海拔300～1400m的山坡、沟谷林下。

保护价值：根状茎入药，具有散瘀、解毒、消肿等功效。叶形奇特，具有较高观赏价值。

22. 八角莲 | *Dysosma versipellis*（Hance）M. Cheng
小檗科 鬼臼属

别　　名：山荷叶、金魁莲、旱八角

保护级别：浙江省重点保护野生植物

形态特征：多年生草本，高40～150cm。根状茎粗壮，结节状，近木质化。茎直立，不分枝，无毛。茎生叶1～2，盾状着生，近圆形，直径15～35cm，4～9浅裂，裂片宽三角形边缘具细锯齿，两面无毛；主脉辐射状；下部叶的叶柄较长。花5～10聚生于叶片下方或两叶柄交叉处上方的关节处，花梗下垂，有白色长柔毛或无毛；萼片6，舟状，长椭圆形，外面被脱落性长柔毛；花瓣6，勺状倒卵形，深紫色；雄蕊6；子房上位。浆果近球形，熟时紫黑色。花期4～5月，果期7～9月。

分布范围：产于太阳镇，生于海拔1000～1400m的山坡林下。

保护价值：中国特有植物。根状茎入药，具有清热解毒、祛瘀消肿、燥湿祛痰等功效。叶形奇特，具有较高观赏价值。

23. 三枝九叶草 | *Epimedium sagittatum*（Siebold & Zucc.）Maxim.
小檗科 淫羊藿属

别　　名：箭叶淫羊藿

保护级别：浙江省重点保护野生植物

形态特征：多年生常绿草本。根状茎粗短结节状；地上茎直立，无毛。茎生叶1～3，三出复叶；顶生小叶片卵状披针形，先端急尖至渐尖，基部心形，边缘具刺毛状齿，仅背面疏被毛；侧生小叶基部两侧不对称。圆锥花序顶生，花序轴和花梗无毛或具腺毛，花小，直径6～8mm；萼片2轮，外轮带紫色斑点，内轮白色；花瓣棕黄色，与内轮萼片近等长，距囊状。蓇葖果长约1cm，顶端具喙。花期3月，果期4～5月。

分布范围：产于全区山区、半山区，生于海拔300～1200m的山坡沟谷林下。

保护价值：名贵中药，全草入药，具有补精强壮、祛风除湿等功效。叶形奇特，具有较高的观赏价值。

24. 江南牡丹草 | *Gymnospermium kiangnanensis*（ P. L. Chiu）Loconte
小檗科 牡丹草属

别　　名：人参果

保护级别：浙江省重点保护野生植物

形态特征：多年生草本，高20～50cm，全体无毛。块茎球形或扁球形。茎常单一，被白粉，基部紫褐色或黑褐色。叶基生或单生于枝顶；二回稀三回三出羽状复叶，长6～10cm，宽9～18cm；小叶片3深裂，裂片再2～3浅裂。总状花序单生茎顶，具13～16花；花黄色，两性；萼片6，花瓣状；花瓣6，蜜腺状。蒴果近球形，熟时开裂。种子通常1，具丰富的肉质胚乳。花期3月，果期5～6月。

分布范围：产于湍口镇、河桥镇，生于海拔140～300m的山坡稀疏落叶阔叶林下。

保护价值：浙皖特有种，分布区极为狭窄。块茎入药，具有抗菌消炎、舒筋活络、镇静止痛等功效。

25. 猫儿屎 | *Decaisnea insignis* (Griff.) Hook. fil. & Thoms.
木通科 猫儿屎属

别　　名：猫屎瓜、矮杞树、猫儿子、鬼指头、猫尿筒

保护级别：浙江省重点保护野生植物

形态特征：落叶灌木。新枝稍被白粉。冬芽大，芽鳞2，卵形。奇数羽状复叶互生，长50～80cm，集生于茎顶，叶轴生小叶处有关节；小叶7～25，对生，卵形至卵状椭圆形，全缘，下面苍白色。总状花序腋生，弯曲下垂；花淡绿色；萼片2轮，无花瓣；雄花雄蕊6，花丝连合，雌蕊退化；雌花心皮3，离生，不育雄蕊6。浆果圆柱形，稍弯曲，长6～12cm，直径1～2cm，成熟时蓝色，被白粉，腹缝开裂。花期5～6月，果期9～10月。

分布范围：产于天目山、清凉峰、龙岗镇，生于海拔800～1300m的山坡、沟谷疏林下。

保护价值：我国特有种，第三纪孑遗植物，属木通科的原始类型，在木通科系统进化和植物区系研究中具有重要学术价值。根和果实入药，具有清热解毒等功效。果实味甜，具有较高的食用价值。

26. 细花泡花树 | *Meliosma parviflora* Lecomte
清风藤科 泡花树属

别　　名：利藤

保护级别：浙江省重点保护野生植物

形态特征：落叶小乔木，高达10m。树皮片状剥落。幼枝被锈色短柔毛。叶互生；叶片薄纸质，阔楔状倒卵形，先端急尖，基部楔形下延，边缘除基部外有波状浅齿；侧脉8～12对，在下面凸起。圆锥花序顶生或近枝顶腋生；小花密集，白色；萼片4～5，覆瓦状排列；花瓣5，大小极不相等。核果球形。花期7月，果期9～10月。

分布范围：产于太湖源镇，生于海拔300～500m的山坡、沟谷林中。

保护价值：木材坚重，纹理美观，是优良的家具用材。大型圆锥花序，花色洁白，具较高观赏价值。

27. 延胡索 | *Corydalis yanhusuo* W. T. Wang ex Z. Y. Su & C. Y. Wu
罂粟科 紫堇属

别　　名：元胡、玄胡

保护级别：浙江省重点保护野生植物

形态特征：多年生宿根草本。块茎不规则扁球形，顶端略下凹，直径0.5～2.5cm。地上茎纤细，近基部有鳞片1。无基生叶，茎生叶2～4，具长柄；叶片宽三角形，二回三出全裂，末回裂片披针形或狭卵形，全缘或先端有大小不等的缺刻。总状花序顶生，具花5～10；苞片卵形、狭卵形或狭倒卵形，全缘或有少数牙齿，下部的常2～3裂；萼片2，极小，早落；花瓣紫红色，上花瓣连距长1.6～2cm，背面有鸡冠状凸起，距圆筒形。蒴果长圆筒形。花期3月，果期4月。

分布范围：产于昌化镇，生于海拔200～600m的山坡林下或岩石缝。

保护价值：名贵中药，块茎入药，具有行气止痛、活血散瘀等功效。植株形态优美，花色艳丽，极具观赏价值。

28. 白花土元胡 | *Corydalis humosa* Migo
罂粟科　紫堇属

别　　名：土元胡

保护级别：浙江省重点保护野生植物

形态特征：多年生宿根草本。块茎近球形，直径5～10mm。茎下部有1鳞片，稀2枚，从鳞片腋间1～3分枝。无基生叶，茎生叶2，叶三出分裂，稀二至三回全裂，小裂片椭圆形、长圆状椭圆形或卵形，全缘或具2～3齿，下部苍白色。总状花序具花1～3，疏离；苞片披针形，全缘；萼片早落；花瓣白色，上花瓣连距长约9mm，瓣片微波状；距棍棒状。蒴果椭圆形，具种子5～9，2列，种子表面有小圆锥状凸起。花期4月，果期5月。

分布范围：产于天目山、清凉峰、龙岗镇、岛石镇，生于海拔800～1600m的山坡林下或岩石缝。

保护价值：块茎入药，功效同延胡索，是延胡索品种改良的优良亲本。

29. 全缘叶土元胡 | *Corydalis repens* Mandl & Muehld.
罂粟科 紫堇属

别　　名：全叶延胡索

保护级别：浙江省重点保护野生植物

形态特征：多年生宿根草本。块茎球形，直径1～1.5cm。茎纤弱，下部具一反曲鳞片，鳞片腋下抽出1～3分枝。无基生叶，茎生叶卵形，二回三出全裂，末回裂片倒卵形、椭圆形或长圆形，先端圆钝或具2～3齿。总状花序长约4cm，具花2～5；苞片卵形或卵状楔形；萼片早落；花瓣淡紫色，上花瓣连距长约1.9cm，先端下凹，距圆筒形，长1～1.4cm，末端略下弯。蒴果披针状椭圆形。种子表面平滑。花期3～4月，果期4～5月。

分布范围：产于清凉峰，生于海拔550～1000m的山坡林下。

保护价值：同白花土元胡。

30. 连香树 | *Cercidiphyllum japonicum* Siebold & Zucc.
连香树科　连香树属

别　　名：芭蕉香清

保护级别：国家 **II** 级重点保护野生植物

形态特征：落叶乔木。树皮暗灰色或棕灰色，片状剥落。具长短枝，短枝有重叠环状芽鳞痕。长枝上叶对生，短枝上只生1叶；叶片纸质，卵形或近圆形，先端圆或钝尖，基部心形，边缘有圆钝锯齿，先端凹处具腺体；掌状脉5～7。雌雄异株，花先叶开放；每花具1苞片；无花被片；雄花单生或簇生叶腋；雌花4～8腋生。蓇葖果2～6，圆柱形，微弯，荚果状。种子小而扁平，先端有透明翅。花期5月，果期11月。

分布范围：产于天目山、清凉峰、昌化镇，生于海拔650～1300m的山坡、沟谷林中。

保护价值：为第三纪孑遗植物，中国和日本的间断分布属，对于研究第三纪植物区系起源以及中国与日本植物区系具有重要科研价值。树姿高大雄伟，叶型奇特，是优良的园林绿化树种。

31. 银缕梅 | *Parrotia subaequalis* (Hung T. Chang) R. M. Hao & H. T. Wei
金缕梅科　银缕梅属

别　　名：假木瓜

保护级别：国家 I 级重点保护野生植物

形态特征：落叶乔木。树干扭曲，凹凸不平，树皮呈不规则薄片状剥落，老枝上常有虫瘿膨大成果实状。裸芽、小枝、叶片、叶柄初有星状毛，后变无毛。单叶互生；叶片椭圆形或倒卵形，先端钝，基部圆形、截形或近心形，边缘中部以上有钝锯齿；托叶2，狭披针形，早落。花序头状，腋生或顶生，具花3~6；苞片卵形或宽卵形；花小，两性，先叶开放，无花瓣；雄蕊具细长下垂花丝。蒴果近圆形，密被星状毛。种子纺锤形，有光泽。花期4月，果期9~10月。

分布范围：产于清凉峰，生于海拔1000~1500m的山坡、沟谷林中。

保护价值：中国特有种，是被子植物最古老的物种之一，对研究金缕梅科植物系统发育和植物区系具有重要科研价值。树姿古朴，树皮斑驳，树态婆娑，干形苍劲，枝叶繁茂，秋叶艳丽，是优良的彩叶树种。

32. **杜仲** | *Eucommia ulmoides* Oliv.
杜仲科　杜仲属

别　　名：丝楝树皮、丝棉皮、胶树

保护级别：浙江省重点保护野生植物

形态特征：落叶乔木。树皮灰褐色，纵裂。植物各部均含有银色胶丝。单叶互生；叶片椭圆形、卵形或矩圆形，薄革质，长6～15cm，宽3.5～6.5cm，先端渐尖，基部圆形或阔楔形，边缘具细锯齿；侧脉6～9对；无托叶。雌雄异株；雄花簇生，无花瓣，苞片倒卵状匙形，药隔凸出，花丝极短；雌花单生，柱头2裂。坚果具翅，长椭圆形，扁平，先端2裂。花期4月，果期9～10月。

分布范围：产于天目山、高虹镇，生于海拔500～1000m的山坡、沟谷林中。

保护价值：我国特有的单种科植物，第三纪孑遗植物，对研究被子植物系统演化具有重要意义。木材坚韧，纹理细致均匀，是造船、建筑、家具的优良用材。树皮为名贵中药，具有补肝肾、强筋骨、降血压、安胎等功效。树皮、叶含有杜仲胶，极具开发价值。

33. 天目朴 | *Celtis chekiangensis* Cheng
榆科 朴属

别　　名：浙江朴、浪树

保护级别：浙江省重点保护野生植物

形态特征：落叶乔木。当年生小枝密被灰褐色柔毛，后渐脱落，具明显纵长皮孔。叶片卵状椭圆形至卵状长圆形，长3～11.5cm，宽2.5～4.5cm，先端长渐尖，基部钝至近圆形，稍偏斜，中部以上具锐锯齿；三出脉，网脉隆起。花杂性同株；雄花生于新枝下部苞腋，两性花生于新枝上部叶腋。核果1～2生于叶腋，无总梗；果近球形，成熟时红褐色；果梗纤细。花期4月，果期9～10月。

分布范围：产于天目山、清凉峰、太湖源镇，生于海拔700～1450m的山坡、沟谷林中或林缘。

保护价值：中国特有植物。树干通直，木材坚重耐用，是优良的园林观赏树种。

34. 青檀 | *Pteroceltis tatarinowii* Maxim.
榆科 青檀属

别　　名：翼朴、檀树、摇钱树

保护级别：浙江省重点保护野生植物

形态特征：落叶乔木。老干凹凸不平，树皮淡灰色，薄片状剥落，露出淡灰绿色树皮。单叶互生；叶纸质，宽卵形至长卵形，长3～10cm，宽2～5cm，先端渐尖至尾状渐尖，基部不对称，楔形、圆形或截形，边缘具锐尖单锯齿；三出脉，侧脉上弯不达齿尖。花单性，雌雄同株；雄花生于小枝下部叶腋，花萼5裂，雄蕊5；雌花单生于小枝上部叶腋。坚果两侧具翅。花期4月，果期8～9月。

分布范围：产于天目山、清凉峰、於潜镇，生于海拔100～550m的石灰岩山地。

保护价值：我国特有的单种属植物，起源古老，对研究榆科系统发育具有重要价值。茎皮韧皮纤维为传统的宣纸原料。木材

坚重，纹理致密，韧性强，耐磨损，是制作家具的优良用材。抗逆性强，适应性广，是石灰岩山地困难立地造林的优良树种。

35. 长序榆 | *Ulmus elongata* L. K. Fu & C. S. Ding
榆科 榆属

别　　名：野榔皮

保护级别：国家 Ⅱ 级重点保护野生植物

形态特征：落叶乔木。树皮灰白色，不规则块状脱落。小枝近基部有时具膨大而不规则纵裂的木栓层。单叶互生；叶片长椭圆形或披针状椭圆形，长7～19cm，宽3～8cm，基部微偏斜或近对称，边缘具重锯齿；羽状脉，侧脉每边16～30，上面被糙硬毛。总状聚伞花序；花两性，先叶开放；花萼6裂；雄蕊6。翅果窄长，两面渐狭，先端2深裂，边缘密被白色长睫毛；果核生于翅果中部。花期3月，果期4月。

分布范围：产于清凉峰，生于海拔400～900m的山坡、沟谷林中。

保护价值：中国特有种。树干通直，木材纹理美丽，坚重耐用，为优良用材树种。

36. 榉树 | *Zelkova schneideriana* Hand. – Mazz.
榆科 榉属

别　　名：大叶榉树、黄榉

保护级别：国家 Ⅱ 级重点保护野生植物

形态特征：落叶乔木。叶互生，排成两列；叶片厚纸质，大小形状变异很大，卵形至椭圆状披针形，基部稍偏斜，边缘具圆齿状锯齿；羽状脉，侧脉7～14对，上面粗糙。花杂性，与叶同时开放；雄花1～3簇生于叶腋，雄蕊与花被裂片同数；雌花或两性花常单生于小枝上部叶腋，花被4～6深裂。核果较小，不规则斜卵状圆锥形，网肋明显，被柔毛，具宿存花被。花期3～4月，果期10～11月。

分布范围：广布于全区山区、半山区，生于海拔800m以上的山坡、沟谷林中。

保护价值：优良珍贵用材树种，边材黄褐色或浅红褐色，心材带紫红色，坚硬有弹性，纹理美观，可供高档家具用材。茎皮纤维强韧，秋叶鲜艳，是优良的彩叶树种。

37. 华西枫杨 | *Pterocarya insignis* Rehder & E. H. Wilson
胡桃科 枫杨属

别　　名：麻杆柳、构树

保护级别：浙江省重点保护野生植物

形态特征：乔木落叶。小枝褐色，有皮孔，枝髓片状分隔。顶芽大，喙状，芽鳞3。奇数羽状复叶，小叶7～13，边缘具细锯齿；侧脉15～23对，至叶缘成弧状连接，上面绿色，沿中脉密被星芒状柔毛，侧脉毛较稀疏或近无毛。花单性，柔荑花序，生于新枝基部芽鳞痕腋部或叶腋。果序长40～58cm，下垂；坚果直径约8mm，疏生腺鳞，两侧翅椭圆状圆形或倒卵状圆形，长、宽近相等，被腺鳞。花期5月，果期8月。

分布范围：产于天目山、清凉峰，生于海拔400～1400m的山谷溪边林中。

保护价值：中国特有种。木材可制家具。树皮和枝叶可提取栲胶，种子可榨油。树冠浓密，可做行道树。树皮、枝叶入药，具有杀菌止痒等功效。

38. 台湾水青冈 | *Fagus hayatae* Palib. ex Hayata
壳斗科 水青冈属

别　　名：铁磨栎

保护级别：国家Ⅱ级重点保护野生植物

形态特征：落叶高大乔木。小枝暗红色，纤细，老枝皮孔狭长圆形。冬芽长达15mm。叶片菱状卵形，先端短尖或短渐尖，基部宽楔形或近圆形，两侧稍不对称，叶缘有锐齿；侧脉直达齿端，幼时两面的叶脉疏被绢质长毛，后无毛或仅叶背中脉两侧有稀疏长毛。总花梗被长柔毛；壳斗4（3）瓣裂，裂瓣长7~10mm；小苞片狭条状，具弯钩。坚果具3棱，与裂瓣等长或稍较长，顶部脊棱有甚狭窄的翅。花期4月，果期9~10月。

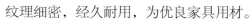

分布范围：产于清凉峰，生于海拔900~1000m的山坡、沟谷林中。

保护价值：对研究海岛和大陆的植物区系有重要学术意义。木材材质坚韧，纹理细密，经久耐用，为优良家具用材。

39. 华榛 | *Corylus chinensis* Franch

桦木科 榛属

别　　名：山白果

保护级别：浙江省重点保护野生植物

形态特征：落叶高大乔木。树干通直，树皮灰褐色，浅纵裂。小枝、叶背、叶柄及果苞被长柔毛和腺毛。叶互生；叶片椭圆形、宽椭圆形至宽卵形，基部斜心形，边缘具不规则锯齿，上面疏被毛，下面沿脉密被淡黄色长柔毛，有时具刺状腺体；侧脉7～11对。雄花序2～8排成总状。坚果2～6聚生成头状，坚果近球形，直径1～2cm；果苞瓶状，上部缢缩，顶部3～5裂。花期2～3月，果期9～10月。

分布范围：产于清凉峰，生于海拔600～800m的山坡、沟谷林中。

保护价值：是中国中亚热带至北亚热带中山地带性阔叶林的重要组成树种之一。树干通直，纹理致密，是优良的材用树种。生长快，抗逆性强，是榛子*C. heterophylla*的优良砧木和育种亲本。

40. 天目铁木 | *Ostrya rehderiana* Chun
桦木科 铁木属

别　　名：小叶穗子榆、芮氏铁木、浙西铁木

保护级别：国家Ⅰ级重点保护野生植物

形态特征：落叶高大乔木。小枝细瘦，暗褐色，幼时密被短柔毛，疏生皮孔。单叶互生；叶片长椭圆形或矩圆状卵形，边缘具不规则的重锯齿，先端渐尖成长渐尖；侧脉13～16对，上面中脉密被短柔毛，下面叶脉疏被毛。花单性，雌雄同株；雄花序为柔荑花序，单生或2～3簇生于上一年的近枝顶或叶痕腋部，雄花无花被，每苞片具1花；雌花序总状，直立，每苞鳞内具2雌花，每雌花具2小苞片。果多数，聚生成稀疏的总状；果苞膜质，膨胀，长椭圆形至倒卵状披针形，顶端圆，基部缢缩成柄状，网脉明显。花期4月，果期10月。

分布范围：特产于天目山，生于海拔约300m的低山坡地。模式标本采自天目山。

保护价值：中国特有。木材坚硬、结构致密、纹理美观，是优良的用材树种。

41. 孩儿参 | *Pseudostellaria heterophylla*(Miq.)Pax
石竹科 孩儿参属

别　　名：太子参、四叶参

保护级别：浙江省重点保护野生植物

形态特征：多年生宿根草本。块根长纺锤形。茎直立，有时匍匐。茎下部叶片倒披针形，顶端钝尖，基部渐狭；茎上部叶通常4枚集生，交互对生成"十"字形排列，叶片宽卵形或菱状卵形，顶端渐尖，基部渐狭。花二型：顶端花大，花瓣5，白色，先端2浅裂，雄蕊10，花柱3；闭锁花生于茎中下部，具短梗，无花瓣，雄蕊退化。蒴果宽卵形，含少数褐色种子。花期3～4月，果期5～6月。

分布范围：产于全区山区、半山区，生于海拔400～1400m的山坡林下。

保护价值：名贵中药，块根入药，具有益气健脾、生津润肺等功效。

42. 金荞麦 | *Fagopyrum dibotrys*（D. Don）Hara
蓼科　荞麦属

别　　名：野荞麦、金锁银开

保护级别：国家Ⅱ级重点保护野生植物

形态特征：多年生草本。根状茎粗大结节状，坚硬。茎直立，具浅沟纹，中空；分枝具乳头状凸起。叶片宽三角形或卵状三角形，先端渐尖，基部近戟形，全缘，两面具乳头状凸起或被柔毛；叶柄长达10cm；托叶鞘筒状，膜质，顶端截形。花序伞房状，顶生或腋生；花梗中部具关节；花被5深裂，白色，长椭圆形。瘦果宽卵形，具3锐棱，黑褐色。花期5～8月，果期9～10月。

分布范围：广布于全区，生于海拔50～800m的山坡、山谷灌丛或溪沟。

保护价值：为粮食作物荞麦*F. esculentum*的近缘种，具有耐涝、抗病等优良性状，是荞麦良种培育的优良亲本，在育种上有重要的潜在价值。块根入药，具有清热解毒、活血散瘀、健脾利湿等功效。

43. 草芍药 | *Paeonia obovata* Maxim.
毛茛科 芍药属

别　　名：野芍药、山芍药

保护级别：浙江省重点保护野生植物

形 态 特 征：多年生草本，高30～70cm。茎直立，基部具数枚大型膜质鳞片。叶互生，茎下部叶常为二回三出复叶，上部叶为三出复叶或单叶；叶片纸质，小叶倒卵形，长8～16cm，宽6～12cm，侧生小叶较小。花单生于茎顶，直径5～10cm；萼片3～5，淡绿色；花瓣6，淡黄色、白色，倒卵形；雄蕊多数，花丝紫红色，花药黄色。蓇葖果成熟时果皮反卷呈红色。花期5～6月，果期9月。

分 布 范 围：产于天目山、清凉峰、龙岗镇、於潜镇，生于海拔800～1500m的山坡林缘。

保护价值：根入药，具有养血调经、抗菌消炎、凉血止痛等功效。花大美丽，可供观赏，是芍药*P. lactiflora*和牡丹*P. suffruticosa*良种培育的优良亲本。

44. 杨桐 | *Cleyera japonica* Thunberg
山茶科 杨桐属

别　　名：红淡比

保护级别：浙江省重点保护野生植物

形态特征：常绿灌木或小乔木。全株除花外其余均无毛。小枝具2棱，顶芽显著，鸟喙状。叶革质，长圆形或长圆状椭圆形至椭圆形，顶端渐尖或短渐尖，基部楔形或阔楔形，全缘。花常2～4腋生；花梗长1～2cm；苞片2，早落；萼片5，圆形，长约2.5mm，顶端圆，边缘有纤毛；花瓣5，白色，椭圆形，长0.8～1.2 cm。果实圆球形，成熟时紫黑色，直径7～9mm；果梗长1～2cm。花期6～7月，果期9～10月。

分布范围：广布于全区山区、半山区，生于海拔300～800m的山坡、山谷或溪边林下。

保护价值：是日本传统的供神祭祖用品，可作为出口产品。枝条柔软，叶革质有光泽，嫩叶粉红色，是优良的园林绿化植物。

45. 秋海棠 | *Begonia grandis* Dryand.
秋海棠科 秋海棠属

别　　名：秋花棠、海花、摇篮草

保护级别：浙江省重点保护野生植物

形态特征：多年生草本，高0.6～1m。茎直立，粗壮，多分枝。叶互生，叶腋常生珠芽；叶片斜卵形，掌状7～9脉，基部偏心性，边缘具细尖齿，上面绿色，下面叶脉及叶柄均带紫红色。聚伞花序生于上部叶腋，多花；花淡红色至紫红色；雄花直径2.3～3.5cm，花被片4，花丝下半部分合生；雌花稍小，花被片5或较少，花柱3。蒴果具3翅，其中有一翅较大。花期7～9月，果期8～10月。

分布范围：产于天目山、清凉峰、龙岗镇，生于海拔300～1100m的山坡林下或阴湿岩壁上。

保护价值：块茎入药，具有活血散瘀、止血止痛、清热解毒等功效。叶形奇特，花色艳丽，可作花境、地被、岩面美化，也可作盆栽观赏。

46. 中华秋海棠 | *Begonia grandis* Dryand. subsp. *sinensis* (A. DC.) Irmsch.
秋海棠科 秋海棠属

别　　名： 野秋海棠

保护级别： 浙江省重点保护野生植物

形态特征： 多年生草本。根状茎近球形。茎直立，较细弱，几不分枝。叶较小，椭圆状卵形至三角状卵形，先端渐尖，边缘波状，具尖锐重锯齿，两面绿色，下面色淡，偶带红色，叶脉带紫红色，基部偏心形，宽侧下延呈圆形，长0.5~4cm，宽1.8~7cm。伞房状至圆锥状二歧聚伞花序；花小，多数，淡红色；雄花直径约2cm；雌花稍小；蒴果具3不等大的翅，一翅较大，三角形。花期7~9月，果期8~10月。

分布范围： 产于天目山、清凉峰、龙岗镇，生于海拔600~1100m的山坡林下或阴湿岩上。

保护价值： 块茎入药，具有发汗止痛等功效。叶形奇特，花色淡红，可作花境、地被、岩面美化，也可作盆栽观赏。

47. 细果秤锤树 | *Sinojackia microcarpa* C. T. Chen & G. Y. Li
安息香科 秤锤树属

别　　名：小果秤锤树

保护级别：浙江省重点保护野生植物

形态特征：落叶丛生灌木，高达8m。侧枝与主干近垂直，基部粗壮，呈棘刺状；小枝具星状毛，树皮丝状剥落。叶互生；叶片椭圆形至椭圆状倒卵形，先端短渐尖，基部宽楔形至近圆形，边缘具细锯齿；叶柄长3～4mm。聚伞花序腋生，具花3～7；花梗细长，被星状毛，有关节；花白色；花萼5～7浅裂；花冠5～7深裂；雄蕊10～14。核果木质，细纺锤形，在中上部残存环状萼檐，先端具狭圆锥形的喙。花期4月，果期10～11月。

分布范围：产于青山湖，生于海拔30～50m的山坡、山谷林下或林缘。

保护价值：中国特有种，对研究安息香科的系统发育、浙江植物区系等具有重要意义。树形优美，花洁白簇密，果实细长下垂，秋叶金黄色，极具观赏价值。

48. 黄山梅 | *Kirengeshoma palmata* Yatabe
虎耳草科 黄山梅属

别　　名：少女花、铃种三七、马株子

保护级别：国家Ⅱ级重点保护野生植物

形态特征：多年生草本。茎具纵棱，带紫色，无毛。单叶对生；叶片圆心形，掌状分裂，边缘具粗锯齿，两面有伏毛。聚伞花序生于上部叶腋及茎端，常具3花；花两性，黄色，直径4～5cm；花梗稍弯曲而多少俯垂；萼筒半球形，5齿裂；花瓣5，离生，长圆状倒卵形或近狭倒卵形。蒴果宽卵圆形或近球形，直径约1.5cm；顶端具宿存花柱。种子扁平，周围具斜翅。花期6～7月，果期9～10月。

分布范围：产于天目山、清凉峰、龙岗镇，生于海拔1000～1600m的山坡或溪谷阴湿处。

保护价值：为单种属植物，是黄山梅亚科Kirengeshomoideae的唯一代表种，也是中国、日本间断分布的典型种类，对研究虎耳草科的种系演化以及中国和日本植物区系的关系均有科研价值。根状茎入药，具有舒筋活血、滋补强壮等功效。花颜色鲜艳，极具观赏价值。

49. 平枝枸子 | *Cotoneaster horizontalis* Decne
蔷薇科 枸子属

别　　名：铺地蜈蚣、小叶枸子、矮红子

保护级别：浙江省重点保护野生植物

形态特征：半常绿匍匐灌木，高30～50cm。小枝水平开张排成2列，幼时被糙伏毛。叶片小，近圆形或宽椭圆形，先端急尖，基部楔形，全缘，下面有稀疏伏贴柔毛；叶柄短；托叶钻形，早落。1～3花顶生或腋生，近无梗；萼筒钟状，萼片三角形，外面有稀疏短柔毛；花瓣粉红色，倒卵形，先端圆钝，长约4mm；雄蕊短于花瓣；花柱3，稀2，子房顶端有柔毛。果近球形，鲜红色，直径4～6mm，常有3小核。花期5～6月，果期10～11月。

分布范围：产于天目山、清凉峰，生于海拔1000～1500m的山顶、山脊灌丛或岩石缝。

保护价值：株形紧凑，叶小稠密，秋叶红色，红果累累，极具观赏价值。

50. 玉兰叶石楠 | *Photinia magnoliifolia* Z. H. Chen
蔷薇科 石楠属

保护级别：浙江省重点保护野生植物

形态特征：落叶灌木。小枝淡黄褐色，幼时被白棉毛，后无毛，疏被白色皮孔。叶片纸质，宽倒卵形，稀倒卵状椭圆形，先端圆钝，具突尖，基部下延成楔形，边缘具尖锐重锯齿，幼时两面密被白色绵毛，后渐脱落仅下面有稀疏白绵毛；侧脉与细脉在上面强烈下陷；叶柄短。复伞房花序，花多数；萼片5，三角状宽卵形；花瓣5，白色，近圆形；花柱3，子房密被白色短绒毛。果实椭圆形；果梗密被瘤状小皮孔。花期4～5月，果期10～11月。

分布范围：特产于青山湖，生于海拔40～50m的毛竹林下或林缘。

保护价值：浙江特有种。株形紧凑，叶片皱褶，叶脉纹理清晰，背面密被白色绵毛，花白色簇密，果实鲜红色，是一种优良的园林观赏树种。

51. 鸡麻 | *Rhodotypos scandens*（Thunb.）Makino
蔷薇科 鸡麻属

别　　名：白棣棠、山葫芦子、双珠母

保护级别：浙江省重点保护野生植物

形态特征：落叶灌木，高1～2m。小枝紫褐色，嫩枝绿色，光滑。单叶对生；叶片卵形，长4～11cm，宽3～6cm，先端渐尖，基部圆形至微心形，缘有尖锐重锯齿，正面叶脉明显下陷；托叶膜质狭带形；叶柄极短。花单生于新枝顶端，直径3～5cm；副萼4，狭披针形；萼片大，4枚，卵状椭圆形；花瓣4，白色。核果1～4，熟时亮黑色，斜椭圆形，长约8mm，光滑。花期4～5月，果期8～9月。

分布范围：产于天目山、清凉峰、龙岗镇，生于海拔500～1100m的山坡、沟谷林下。

保护价值：东亚残遗的单种属植物，是蔷薇科中较原始的种，对研究系统演化有重要学术意义。根及果实入药，具有补血、益肾等功效。花大洁白，可供观赏。

52. 钝叶蔷薇 | *Rosa sertata* Rolfe
蔷薇科 蔷薇属

别　　名：黄山蔷薇

保护级别：浙江省重点保护野生植物

形态特征：落叶灌木。小枝圆柱形，散生直立皮刺或无刺。复叶有小叶7～11，叶轴有稀疏柔毛、腺毛和小皮刺，托叶大部贴生叶柄，离生部分耳状，边缘有腺毛；小叶片宽椭圆形至卵状椭圆形，先端急尖或圆钝，基部近圆形，边缘有尖锐锯齿，基部全缘，中脉和侧脉均隆起。花单生或3～5花排成伞房状；小苞片1～3，卵形；花直径2.0～3.5（～6.0）cm；萼片卵状披针形，先端延伸成叶状；花瓣粉红色或玫红色，宽倒卵形，先端微凹，比萼片短。果深红色，卵球形，顶端有短颈；花柱离生，被柔毛。花期6月，果期8～10月。

分布范围：产于天目山、清凉峰，生于海拔1000～1600m的山坡、山顶疏林或岩石缝。

保护价值：月季*R. chinensis*和玫瑰*R. rugosa*的近缘种，具有抗寒、耐旱等优良性状，是月季良种培育的优良亲本，在育种上有着重要的潜在价值。

53. 野大豆 | *Glycine soja* Sieb. et Zucc.
豆科 大豆属

别　　名：劳豆

保护级别：国家Ⅱ级重点保护野生植物

形态特征：一年生缠绕草本。茎纤细，密被棕黄色长硬毛。三小叶复叶；顶生小叶卵圆形至卵状披针形，先端急尖，基部近圆形，全缘，两面均被伏毛；侧生小叶较小，基部偏斜。总状花序腋生；花小，蝶形，淡紫色；花梗密生黄色长硬毛；花萼钟状，密生长毛，裂片5。荚果稍扁平，长15～30cm，密被长硬毛。种子2～4粒，黑色，椭圆形或肾形，稍扁平。花期7～8月，果期9～10月。

分布范围：广布于全区，生于海拔40～600m向阳山坡荒地、灌丛或林缘。

保护价值：为油料作物大豆*G. max*的近缘种，具有耐盐碱、抗旱、抗病等优良性状，是大豆良种培育的优良亲本，在育种上有重要的潜在价值。种子富含油脂、蛋白质，可供食用、榨油和药用。全草入药，具有补气血、强壮、利尿、平肝、敛汗等功效。

54. 花榈木 | *Ormosia henryi* Prain
豆科 红豆树属

别　　名：花梨木、臭木、臭桐柴

保护级别：国家Ⅱ级重点保护野生植物

形态特征：常绿乔木。树皮青灰色，平滑，有浅裂纹。小枝、叶轴、花序密被茸毛。奇数羽状复叶；小叶革质，椭圆形或长圆状椭圆形，先端急尖或短渐尖，基部圆或宽楔形，叶缘微反卷，上面深绿色，光滑无毛，下面及叶柄均密被黄褐色绒毛；小叶柄长3～6mm。花序顶生或腋生。荚果扁平，顶端有喙，果瓣革质。种子椭圆形或卵形；种皮鲜红色，有光泽。花期6～7月，果期10～11月。

分布范围：产于全区山区、半山区，生于海拔40～800m的山坡、山谷阔叶林。

保护价值：心材质地坚实，结构细致，纹理美观，为优质家具用材。枝、叶入药，具祛风散结、解毒去瘀等功效。树冠浓郁优美，是优良的园林绿化树种。

55. 野豇豆 | *Vigna vexillata*（L.）A. Rich.
豆科 豇豆属

别　　名：野马豆、山豆根、山马豆

保护级别：浙江省重点保护野生植物

形态特征：多年生缠绕草质藤本。主根圆柱形或纺锤形，肉质。茎被开展刚毛。三小叶复叶；小叶膜质，密被糙毛；顶生小叶宽卵形、菱状卵形至披针形，先端急尖至渐尖，基部圆形或近截形；侧生小叶基部偏斜；小叶柄极短。花序腋生，具2~4花；花萼钟状，萼齿5；花冠蝶形，紫红色或紫褐色，旗瓣近圆形，先端微凹，翼瓣弯曲，龙骨瓣先端喙状，有短距状附属物及瓣柄。荚果圆柱形，顶端具喙。花期8~9月，果期10~11月。

分布范围：广布于全区，生于海拔50~800m的旷野、灌丛或疏林。

保护价值：野豇豆为粮食和蔬菜作物饭豇豆*V. cylindrica*、赤豆*V. angularis*、绿豆*V. radiata*、豇豆*V. unguiculata*等的近缘种，具有耐寒、抗病等优良性状，是豇豆属粮食和蔬菜作物良种培育的优良亲本，在遗传育种上有重要的潜在价值。块根入药，具有解毒益气、生津利咽等功效。

56. 山绿豆 | *Vigna minima*（Roxb.）Ohwi et H. Ohashi
豆科 豇豆属

别　　名：贼小豆

保护级别：浙江省重点保护野生植物

形态特征：一年生草质缠绕藤本。茎柔弱细长，近无毛或被稀疏硬毛。三小叶复叶；顶生小叶卵形至卵状披针形，先端急尖，基部圆形至宽楔形，全缘；侧生小叶较小，基部偏斜；托叶线状披针形，盾生。总状花序腋生；总花梗较叶柄长；小苞片线状披针形；花冠蝶形，黄色，旗瓣和翼瓣有耳和短瓣柄，龙骨瓣先端卷曲，具长距状附属物。荚果圆柱形，无毛；种子褐红色。花期9～10月，果期10～11月。

分布范围：广布于全区，生于海拔40～600m的向阳山坡灌丛或林缘。

保护价值：具有耐寒、抗旱、抗病等优良性状，可作赤豆*V. angularis*和绿豆*V. radiata*的育种材料。

57. 倒卵叶瑞香 | *Daphne grueningiana* H. Winkl.
瑞香科 瑞香属

别　　名：天目瑞香

保护级别：浙江省重点保护野生植物

形态特征：常绿灌木，高0.4～1.5m。叶簇生于枝顶，互生；叶片软革质，光亮，倒卵状披针形或倒卵状椭圆形，先端钝圆而微凹，基部渐狭成楔形，全缘，微反卷，中脉在下面隆起；叶柄短。头状花序顶生，具花8～10；苞片5～7，卵状长椭圆形；花紫色，后渐变淡，具浓香；花梗短，被短柔毛；花萼筒管状，4裂，先端微凹，外面无毛，花瓣状；花瓣无；雄蕊8，2轮。核果近球形，平滑，熟时鲜红色。花期3～4月，果期5～7月。

分布范围：产于天目山、清凉峰、太湖源镇、於潜镇、太阳镇、潜川镇、昌化镇、龙岗镇、河桥镇、湍口镇、岛石镇，生于海拔350～1500m的山坡、沟谷林下。

保护价值：浙皖特有种。形态优雅，花果艳丽，浓香馥郁，是珍贵的野生观赏植物。茎皮纤维发达，为高档造纸原料。

58. 珍珠黄杨 | *Buxus sinica*（Rehder & E. H. Wilson）M. Cheng var. *parvifolia* M. Cheng
黄杨科 黄杨属

别　　名: 小叶黄杨

保护级别: 浙江省重点保护野生植物

形态特征: 常绿灌木。小枝圆柱形,具4棱。单叶对生;叶片革质或薄革质,宽卵形或近圆形,先端圆钝或微凹,基部圆形或宽楔形,全缘,上面光亮,中脉凸起,密被白色短线状钟乳体;叶柄短;无托叶。雌雄同株;花序腋生,头状,几无总花梗,花密集;雄花无花梗,可育雄蕊长约4mm,不育雄蕊具棒状柄,顶端膨大;雌花花柱3裂,柱头倒心形。蒴果近球形;花柱宿存。种子黑色,具3侧面。花期4月,果期8～9月。

分布范围: 产于清凉峰,生于海拔1600～1750m的山顶岩壁灌丛中。

保护价值: 株形紧凑,苍劲古朴,叶片细密,树姿优美,是优良的盆栽观赏植物。木材黄色,纹理极细,坚硬美观,可供雕刻高级工艺品。

59. 小勾儿茶 | *Berchemiella wilsonii*（C. K. Schneid.）Nakai
鼠李科 小勾儿茶属

保护级别： 浙江省重点保护野生植物

形态特征： 落叶小乔木，高6～12m。树皮深纵裂。单叶互生；叶片纸质，椭圆形或椭圆状披针形，先端渐尖，基部圆形或宽楔形，全缘或微波状，下面灰白色，两面无毛，或仅脉腋有疏髯毛，基部稍不对称；叶柄长3～5mm，无毛；托叶短，狭三角形。花序顶生或腋生；花小，黄绿色。核果圆柱形，熟时由绿转黄、橙黄、橙红、红，最后变紫红色。花期5～6月，果期7～8月。

分布范围： 产于龙岗镇，生于海拔600～1000m的山坡、沟谷林中或林缘。

保护价值： 中国特有种。花的构造与猫乳属*Rhamnella*有相同的特征，又与勾儿茶属*Berchemia*有相似的结构，对研究鼠李科属间亲缘关系具有重要科学意义。树姿优美，枝叶清秀，秋叶金黄，果实艳丽，为优良观赏树种。

60. 毛柄小勾儿茶 | *Berchemiella wilsonii*(C. K. Schneid.) Nakai var. *pubipetiolata* H. Qian

鼠李科 小勾儿茶属

保护级别： 浙江省重点保护野生植物

形态特征： 落叶小乔木，高6～12m。树皮深纵裂。单叶互生；叶片纸质、椭圆形或椭圆状披针形，先端渐尖，基部圆形或宽楔形，全缘或微波状，下面灰白色，上面无毛，背面被较密柔毛，基部稍不对称；叶柄长2～3（～4）mm，有柔毛；托叶短，狭三角形。花序顶生或腋生；花小，黄绿色。核果圆柱形，熟时由绿转黄、橙黄、橙红、红，最后变紫红色。花期5～6月，果期7～8月。

分布范围： 产于清凉峰、湍口镇，生于海拔600～1100m的山坡、沟谷林中或林缘。

保护价值： 同小勾儿茶。

61. 三叶崖爬藤 | *Tetrastigma hemsleyanum* Diels & Gilg
葡萄科　崖爬藤属

别　　名：三叶青、金线吊葫芦

保护级别：浙江省重点保护野生植物

形态特征：多年生常绿草质蔓生藤本。块根卵形或椭圆形。茎纤细无毛，圆柱形，下部节上生根；卷须不分枝，与叶对生。三小叶复叶互生；中间小叶片稍大，长卵形或披针形，先端渐尖，有小尖头，边缘疏生具腺状尖头的小锯齿；侧生小叶片基部偏斜。聚伞花序生于当年新枝叶腋；花小，黄绿色；花梗有短硬毛；花萼杯状，4裂；花瓣4，卵圆形。浆果球形，直径约6mm，熟时鲜红色。花期4～5月，果期10～11月。

分布范围：产于清凉峰、青山湖、板桥镇、昌化镇、龙岗镇、河桥镇、湍口镇、岛石镇，生于海拔200～800m的山坡、沟谷、溪边林下。

保护价值：块根是名贵中药材，具有清热解毒、祛风化痰、活血止痛等功效。最新研究发现，所含的黄酮类对肿瘤细胞有很好的细胞毒理作用，已开发出金芪片、中肝合剂、金丝地甲胶囊等抗癌新药。

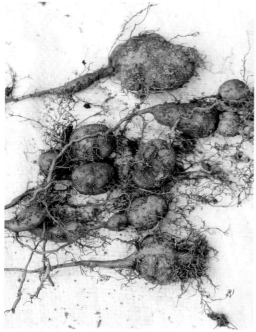

62. 膀胱果 | *Staphylea holocarpa* Hemsl.
省沽油科 省沽油属

别　　名：大果省沽油

保护级别：浙江省重点保护野生植物

形态特征：落叶灌木或小乔木。三小叶复叶对生；小叶近革质，椭圆形至长椭圆形，先端急尖至渐尖，基部宽楔形或近圆形，边缘有细锯齿；幼时沿脉有灰白色柔毛；顶生小叶具长柄，侧生小叶具短柄或几无柄。伞房花序顶生，具总花梗；花白色，通常带粉红色；萼片长约1cm；花瓣比萼片稍长；雄蕊与花瓣近等长；子房有毛。蒴果膀胱状，椭圆形或梨形，顶端3裂。种子近椭圆形，灰褐色，有光泽。花期4~5月，果期6~8月。

分布范围：产于清凉峰，生于海拔900~1000m的石灰岩山坡、山谷阔叶林下或林缘。

保护价值：嫩叶和花富含氨基酸和维生素，具有很高的营养和保健价值。种子富含油脂，可作能源树种。植株秀丽，枝繁叶茂，果实形态奇特，极具观赏价值。

63. 羊角槭 | *Acer yangjuechi* W. P. Fang & P. L. Chiu
槭树科 槭属

保护级别：国家 II 级重点保护野生植物

形态特征：落叶乔木。一年生枝圆柱形，被短柔毛，四年生以上枝条木栓质发达。单叶对生；叶片纸质，掌状3～5裂，中裂片较长，裂片边缘波状具纤毛，基部近心形或平截，两面均被灰黄色短柔毛；叶柄长4～10cm，具乳汁。雄花两性花同体，伞房状圆锥花序顶生，花梗密被灰色短柔毛；花杂性，两性花和雄花同株；萼片5；花瓣5，淡绿色。双翅果，张开近于水平或稍向后反卷；小坚果扁平，近圆形。花期4月，果期10月。

分布范围：特产于天目山，生于海拔750～900m的山坡、山谷阔叶林。

保护价值：中国特有古老孑遗植物，对研究植物地理学和古植物区系具有重要的科研价值。秋叶红艳，为优良的秋色叶树种。

64. 天目槭 | *Acer sinopurpurascens* Cheng
槭树科 槭属

别　　名： 小叶鸭脚柴

保护级别： 浙江省重点保护野生植物

形态特征： 落叶乔木。树皮灰色，平滑。小枝灰褐色，具皮孔；冬芽芽鳞多数。单叶对生；叶片纸质，近圆形，掌状3～5裂，中裂片长圆状卵形，边缘具疏钝齿或全缘，幼时两面被短柔毛，后仅脉腋具簇毛；叶柄长2～8cm。雌雄异株；总状花序侧生于去年生小枝上，下垂；花梗长1.5～2.5cm；花先叶开放，花萼紫红色；雄蕊8，花药黄色，退化雌蕊钻形；雌花子房被白色短柔毛，柱头2裂。双翅果，张开成锐角；小坚果显著隆起，具钝棱和脉纹。花期4月，果期10～11月。

分布范围： 产于天目山、清凉峰，生于海拔850～1500m的山坡、沟谷阔叶林。

保护价值： 叶形奇特，秋叶红艳，为优良的秋色叶树种。根入药，具有祛风除湿等功效。

65. 安徽槭 | *Acer anhweiense* W. P. Fang & M. Y. Fang
| 槭树科 槭属

保护级别： 浙江省重点保护野生植物

形态特征： 落叶小乔木。小枝圆柱形，绿色或淡紫绿色。单叶对生；叶片纸质，近圆形，基部深心形，（7～）9～11浅裂至中裂，裂片长圆状卵形至卵形，先端渐尖或尾尖，边缘具细锯齿，下面初时被灰色短柔毛，沿叶腋较密，后仅脉腋有丛毛；叶柄长3～6cm。雄花两性花同株，花叶同放，顶生伞房花序；萼片5，紫红色；花瓣5，黄色；子房绿色，柱头2裂。双翅果，张开成钝角；小坚果凸起，卵球形，稍扁。花期4～5月，果期9～10月。

分布范围： 产于天目山、清凉峰，生于海拔1000～1300m的山坡阔叶林。

保护价值： 树冠团伞状，姿态优美，秋叶红艳，为优良的秋色叶树种。

66. 秃叶黄皮树 | *Phellodendron chinense* C. K. Schneid. var. *glabriusculum* C. K. Schneid.
芸香科 黄檗属

别　　名： 黄檗

保护级别： 浙江省重点保护野生植物

形态特征： 落叶乔木，高达15m。老干具加厚、纵裂木栓层，内皮黄色。小枝暗紫色，无毛。奇数羽状复叶，对生，小叶7～13；小叶片卵状披针形或卵形，仅中脉两侧被疏短柔毛，先端急尖至渐尖，基部近圆形，偏斜，小叶柄长1～3mm。雌雄异株；聚伞圆锥花序顶生，花序轴被短柔毛；萼片5；花瓣5。核果浆果状，圆球形，黑色。花期5～6月，果期9～10月。

分布范围： 产于天目山、清凉峰，生于海拔800～1200m的山坡阔叶林。

保护价值： 根入药，具有清热泻火、燥湿解毒等功效，可代黄柏用。树干通直，是优良用材树种。

67. 小花花椒 | *Zanthoxylum micranthum* Hemsl.
芸香科 花椒属

保护级别：浙江省重点保护野生植物

形态特征：落叶乔木，高达10m。树干基部具有鼓钉状皮刺。小枝具稀疏皮刺和皮孔。一回奇数羽状复叶互生，小叶7~19；小叶纸质，对生，披针形，先端长渐尖，基部近圆形，下延至叶轴，边缘具细钝齿，上面深绿色，有光泽，具透明油点，中脉与侧脉在上面凹陷，背面凸起，网脉清晰，小叶柄长2~3mm。花序顶生，花多；萼片5，宽卵形；花瓣5，淡黄白色。分果瓣淡紫色至紫红色，直径约5mm，油点小。花期7~8月，果期10~11月。

分布范围：产于玲珑街道，生于海拔350~450m的石灰岩山地疏林中。

保护价值：树形优美，果实红艳，极具观赏价值。果实入药，具有温中行气、止痛等功效。

68. 竹节人参 | *Panax japonicus*（T. Nees）C. A. Mey.
五加科 人参属

别　　名：竹鞭三七、大叶三七、白三七

保护级别：浙江省重点保护野生植物

形态特征：多年生草本。根状茎横卧，竹鞭状或串珠状，兼有混合型。地上茎直立，具纵棱。掌状复叶，3～5枚轮生于茎顶；小叶片3～7，通常5枚，下面2枚较小，卵形、卵状披针形或披针形，膜质，先端渐尖，基部圆形或楔形，边缘有细密重锯齿；叶柄长4～9cm。伞形花序顶生；总花梗长达20cm；花小，多数，有细梗；花萼绿色，先端5萼齿；花瓣5，淡黄绿色；雄蕊5；花柱2。核果状浆果，扁球形，熟时鲜红色。花期5～6月，果期9～10月。

分布范围：产于天目山、清凉峰、龙岗镇，生于海拔800～1400m的山坡、沟谷林下。

保护价值：珍贵药用植物，根状茎入药，具有滋补强壮、活血散瘀、止血、祛痰等功效。

69. 锈毛羽叶参 | *Pentapanax henryi* Harms
五加科 羽叶参属

别　　名：黄山五叶参

保护级别：浙江省重点保护野生植物

形态特征：灌木或小乔木。一回羽状复叶，小叶3～5；小叶片卵状椭圆形或卵状长椭圆形，先端急尖或短渐尖，基部圆形至钝形，边缘具锐锯齿，上面无毛，下面脉腋间有簇毛，侧脉下面明显隆起；侧生小叶柄长约5mm，顶生小叶柄长约3mm。伞形花序组成顶生大型圆锥花序，长10～20cm；主轴和分枝密生锈色长柔毛；苞片卵形至披针形；花白色；花萼小，5萼齿；花瓣5，三角状长圆形；花柱5。果实球形，熟时黑色，花柱宿存。花期9月，果期11月。

分布范围：产于天目山、清凉峰、龙岗镇，生于海拔800～1200m的山谷岩缝或山坡乱石堆中。

保护价值：根皮入药，具有祛风除温、通络止痛等功效。嫩尖作蔬菜食用。

70. 岩茴香 | *Ligusticum tachiroei* (Franch. & Savat.) Hiroe & Constance
伞形科 藁本属

别　　名： 细叶藁本

保护级别： 浙江省重点保护野生植物

形态特征： 多年生草本。根茎粗短，根常分叉，具有浓烈芳香。茎直立，多分枝，具细纵棱，基部具纤维状叶柄残基。基生叶具长柄，基部略扩大成鞘；叶片三回羽状全裂，末回裂片条形；茎生叶较小，叶柄全部成鞘状。复伞形花序少数；总花梗、伞幅及花梗每年有乳头状毛；总苞片2~4，钻状条形，边缘粗糙，具膜质缘毛；伞幅6~13；小总苞片5~8，线形；萼齿明显；花瓣白色，长椭圆形，先端内曲而凹陷。果实卵状长椭圆形，背腹压扁；果棱狭翅状凸出。花期7~9月，果期10~11月。

分布范围： 产于清凉峰、龙岗镇，生于海拔1600~1750m的山顶向阳山坡草丛或岩缝。

保护价值： 根茎入药，具有祛风除湿、散寒止痛等功效。

71. 睡菜 | *Menyanthes trifoliata* Linn.
龙胆科 睡菜属

别　　名： 绰菜、暝菜

保护级别： 浙江省重点保护野生植物

形态特征： 多年生沼生草本。根状茎粗壮，节密生，叶鞘残存。叶基生，掌状三小叶；小叶椭圆形或椭圆状披针形，先端渐尖或钝圆，具小尖头，基部楔形，边缘微波状；无小叶柄，总叶柄长18～22cm，下部膨大成鞘。总状花序，花序轴圆柱形；苞片披针形；花萼5深裂，裂片披针形；花冠白色，5深裂，边缘有白色流苏状毛，内侧具白色柔毛；雄蕊5，花药箭形。蒴果卵圆形。花期4～5月，果期6～7月。

分布范围： 产于清凉峰，生于海拔约1600m的沼泽地。

保护价值： 单种属，浙江为中国分布的最南缘，对研究龙胆科的系统发育和植物区系具有重要意义。全草入药，具有健胃消食、养心安神等功效。

72. 香果树 | *Emmenopterys henryi* Oliv.
茜草科 香果树属

保护级别：国家 II 级重点保护野生植物

形态特征：落叶高大乔木。小枝红褐色，圆柱形，具皮孔。单叶对生；叶片薄革质，宽椭圆形至宽卵形，先端急尖或短渐尖，基部圆形或楔形，全缘，上面无毛，下面沿脉及脉腋内有淡褐色柔毛；叶柄长2~5cm，具柔毛；托叶三角状卵形，早落。聚伞圆锥花序顶生；花两性；花萼近陀螺形，檐部5裂，部分花的1枚萼裂片膨大成叶状，白色，果时宿存；花冠漏斗状，浅裂，白色。果实纺锤形，具纵棱，成熟时红色。花期8月，果期10~11月。

分布范围：广布于全区，生于海拔400~1200m的山坡、山谷沟边阔叶林中。

保护价值：我国特有的单属种植物。材质优良，木材纹理通直，结构细致，材质轻韧，是优良用材树种。花美叶秀，宿存的大型萼片尤为醒目，极具观赏价值。

73. 七子花 | *Heptacodium miconioides* Rehd.
忍冬科 七子花属

保护级别：国家 II 级重点保护野生植物

形态特征：落叶小乔木，常丛生成灌木状。树皮灰白色，条片状剥落。单叶对生；叶片卵形至卵状长圆形，先端尾状渐尖，基部圆形至微心形，全缘或微波状；三出脉近平行，下面脉上被柔毛。聚伞圆锥花序顶生，由多数密集的穗状小花序组成；小花序1～2轮，每轮具7花；花小，芳香，白色；萼筒长约2mm，萼齿5，条形，与萼筒近等长。瘦果状核果长圆形，具10条纵棱，疏生糙毛，具宿存膨大的红色萼裂片。花期6～7月，果期9～11月。

分布范围：产于清凉峰、龙岗镇，生于海拔600～1000m的山坡、沟谷阔叶林中。

保护价值：我国特有单种属植物，对研究忍冬科系统发育和植物区系具有重要科研价值。枝繁叶茂，花洁白芳香，果实红艳，极具观赏价值。

74. 曲轴黑三棱 | *Sparganium fallax* Graebn.
黑三棱科 黑三棱属

保护级别： 浙江省重点保护野生植物

形态特征： 多年生挺水植物。具细长横走的根状茎。直立茎高50～70cm。叶在茎上两列状排列；叶片条状扁平，先端渐尖稍钝，基部鞘状抱茎，全缘；直出平行脉间有横脉相连，中下部背面隆起呈龙骨状。头状花序再排成穗状，花序总轴略呈"S"形弯曲；雄性头状花序白色，排列稀疏，远离雌性头状花序；雌性头状花序绿白色，生于叶状苞片腋内。果序球形；果实长圆状圆锥形，褐色。花期6月，果期7～9月。

分布范围： 产于清凉峰、龙岗镇，生于低海拔浅水塘中。

保护价值： 叶片翠绿，姿态清雅，可供水景绿化。

75. 薏苡 | *Coix lacryma-jobi* Linn.
禾本科　薏苡属

别　　名：药玉兰、水玉米、晚念珠、菩提子

保护级别：浙江省重点保护野生植物

形态特征：多年生粗壮草本，高1～2m。秆直立丛生，节多分枝。叶互生；叶片长条状披针形，基部成鞘，有中脉。总状花序成束腋生，直立或下垂，具总梗。雄小穗通常生于总苞之上，多枚排列成下垂的总状花序；雌小穗位于花序下部；总苞硬骨质，念珠状，卵形，坚硬，有光泽。雄蕊常退化；雌蕊具细长柱头，从总苞顶端伸出。颖果小，藏于骨质总苞内。花期7～10月，果期8～11月。

分布范围：产于全区山区、半山区，生于山谷、溪沟边草丛。

保护价值：抗逆性强，可作栽培薏米的育种材料。植物清秀雅致，总苞形态特异，坚硬而美观，可作园林观赏植物，也可作念珠等工艺品。

76. 天目贝母 | *Fritillaria monantha* Migo
百合科 贝母属

别　　名：贝母

保护级别：浙江省重点保护野生植物

形态特征：多年生宿根草本。鳞茎扁球形，直径2～2.5cm，通常由2枚肥厚的鳞片组成。茎高30～60cm。叶对生，有时兼有互生或3枚轮生；叶片长圆状披针形至披针形，先端不卷曲。花黄色，单生或2～3朵顶生，俯垂；顶生叶状苞片对生或轮生；花被片长圆状椭圆形，长4～5.5cm，内面具淡紫色脉纹和斑点；雄蕊长约花被片的1/2。蒴果长、宽各约3cm，具6棱，棱上翅宽6～8mm。花期3～4月，果期5～6月。

分布范围：产于天目山、清凉峰，生于海拔700～1200的山坡、沟谷林下。模式标本采自天目山。

保护价值：体态优美，花大艳丽，果形奇特，极具观赏价值。鳞茎入药，具有清肺止咳、化痰、散结消肿等功效。

77. 华重楼 | *Paris polyphylla* Sm. var. *chinensis* (Franch.) H. Hara
百合科 重楼属

别　　名： 七叶一枝花、灯台七、蚤休、螺丝七、独角莲

保护级别： 浙江省重点保护野生植物

形态特征： 多年生草本。根状茎粗壮，稍扁，密生环节，直径8～30mm。茎高30～150cm，基部有膜质鞘。叶5～8枚轮生于茎顶；叶片长圆形、倒卵状长圆形或倒卵状椭圆形，先端渐尖，基部圆钝或宽楔形；叶柄长0.5～3cm。花单生茎顶；花被片2轮，每轮4～7，外轮叶状，绿色，内轮条形，黄色，远短于外轮；雄蕊8～10，药隔凸出；子房暗红色，具棱，柱头4～7裂。蒴果具棱，熟时开裂。种子具红色肉质外种皮。花期4～5月，果期8～10月。

分布范围： 产于天目山、清凉峰、太湖源镇、於潜镇、太阳镇、潜川镇、昌化镇、龙岗镇、河桥镇、湍口镇、岛石镇，生于海拔200～1500m的山坡、沟谷林下。

保护价值： 名贵中药，根状茎入药，具有消肿止痛、清热定惊、镇咳平喘、抗癌等功效。株形奇特，极具观赏价值。

78. 狭叶重楼 | *Paris polyphylla* Sm. var. *stenophylla* Franch. 百合科 重楼属

别　　名： 七叶一枝花、灯台七、独角莲

保护级别： 浙江省重点保护野生植物

形态特征： 多年生草本。根状茎粗壮，稍扁，密生环节，直径6～25mm。茎高20～100cm，基部有膜质鞘。叶8～14枚轮生于茎顶；叶片披针形、倒披针形或倒卵状披针形，先端渐尖，基部楔形；叶柄几无或极短。花单生茎顶；花被片2轮，每轮4～7，外轮叶状，绿色，内轮线形，远长于外轮花被片；雄蕊8～10；子房暗红色，具棱，柱头4～7裂。蒴果近圆形，熟时开裂。种子具红色肉质外种皮。花期4～5月，果期8～10月。

分布范围： 产于天目山、清凉峰、太湖源镇、昌化镇、龙岗镇、河桥镇、湍口镇、岛石镇，生于海拔700～1400m的山坡、沟谷林下。

保护价值： 名贵中药，根状茎入药，功效同华重楼。株形奇特，极具观赏价值。

79. 北重楼 | *Paris verticillata* M. Bieb.
百合科 重楼属

别　　名：定风草、轮叶王孙

保护级别：浙江省重点保护野生植物

形态特征：多年生草本。根状茎细长，圆柱状，直径2～8mm。茎高20～60cm，基部有膜质鞘。叶常6～8枚轮生于茎顶；叶片披针形、长圆形、倒披针形或倒卵状披针形，先端渐尖，基部楔形；叶柄几无或极短。花单生茎顶；花被片2轮，每轮4～5，外轮叶状，绿色，内轮条形，与外轮等长或稍短；雄蕊8～10，药隔长6～8mm；子房暗红色，光滑，柱头4～5裂。蒴果浆果状，熟时不开裂。种子具红色肉质外种皮。花期5～6月，果期7～9月。

分布范围：产于天目山、清凉峰、龙岗镇，生于海拔1000～1500m的山坡、沟谷林下。

保护价值：根状茎入药，具有清热解毒、散瘀消肿等功效。

80. 延龄草 | *Trillium tschonoskii* Maxim.
百合科 延龄草属

别　　名： 头顶一颗珠、黄山七、华延龄草

保护级别： 浙江省重点保护野生植物

形态特征： 多年生草本。根状茎粗短。茎高20～50cm，不分枝，基部具1～2枚褐色膜质鞘。叶3枚轮生于茎顶，无柄；叶片菱状圆形或菱形，先端急尖至短尾尖，基部宽楔形。花单生茎顶；花梗长1.5～4cm；外轮花被片绿色，卵状披针形，内轮花被片白色，较外轮狭长；雄蕊基部稍合生，药隔微凸出；子房圆锥状卵形，花柱顶端具3裂。浆果圆球形，熟时黑紫色。花期4～6月，果期7～8月。

分布范围： 产于天目山、清凉峰，生于海拔950～1100山坡、沟谷林下。

保护价值： 延龄草属间断分布于东亚和北美，起源古老，在植物系统演化、植物区系研究方面具有重要价值。根状茎入药，具有镇静安神、活血止血、解毒等功效。

81. 白穗花 │ *Speirantha gardenii*（Hook.）Baill.
百合科 白穗花属

别　　名： 烂屁股三七

保护级别： 浙江省重点保护野生植物

形态特征： 多年生常绿草本。植株基部宿存纤维状的鞘。根状茎圆柱形，斜生，具有细长的地下走茎。叶片倒披针形、披针形或长椭圆形，先端渐尖或急尖，基部渐狭成柄；叶柄长5~8cm；叶鞘膜质，后成纤维状。花莛侧生，短于叶丛；总状花序长6~10cm，具花12~18；花白色；苞片白色或稍带红色，膜质；花梗顶端有关节；花被片披针形，先端钝；雄蕊短于花被片。浆果近球形，直径约5mm。花期4~5月，果期7~8月。

分布范围： 产于天目山、清凉峰、太湖源镇、於潜镇、昌化镇、龙岗镇、湍口镇、岛石镇，生于海拔600~1000m的山坡林下或山谷溪边石壁上。

保护价值： 中国特有的单种属植物，在植物区系及百合科植物系统演化研究等方面具有重要意义。植株形态优美，叶色青翠，花洁白芳香，极具观赏价值。根状茎入药，具有凉血解毒等功效。

82. 扇脉杓兰 | *Cypripedium japonicum* Thunb.
兰科 杓兰属

别　　名：兰花双叶草、阴阳扇、扇子七

保护级别：《濒危野生动植物种国际贸易公约（2016年）》附录Ⅱ

形态特征：多年生地生草本，植株高35～55cm。根状茎细长横走。茎和花葶均密被褐色长柔毛，下部有3～5叶鞘。叶2，近对生，开展；叶片扇形，上部边缘钝波状，基部近楔形，具扇形辐射状脉直达叶缘，两面近基部均被长柔毛。花大，单生，直径6～8cm，下垂；中萼片近椭圆片形，侧萼片合生成狭长椭圆形；花瓣披针形，内面基部具有长柔毛和紫斑，唇瓣囊状，椭圆形或倒卵形，长4～5cm，具红紫色脉纹，后壁有毛；子房圆柱形，微弯，密被长柔毛。蒴果长圆形，下垂，花被宿存。花期4～5月，果期7～8月。

分布范围：产于天目山、清凉峰、太湖源镇、龙岗镇，生于海拔1000～1500m的山坡、沟谷林下或灌丛。

保护价值：杓兰属是兰科植物中比较原始的类群，对兰科植物系统发育研究有重要学术价值。全草入药，具活血调经、祛风镇痛等功效。叶形奇特，花大美丽，具有极高的观赏价值。

83. 天麻 | *Gastrodia elata* Blume
兰科 天麻属

别　　名：赤箭、定风草

保护级别：《濒危野生动植物种国际贸易公约（2016年）》附录 Ⅱ

形态特征：多年生腐生草本，植株高30～150cm。地下块茎肥厚，肉质，通常平卧，节上轮生多数膜质鳞片。茎单一，直立，高40～100cm。总状花序顶生，长5～30cm，具花30～50；苞片长圆状披针形，与子房近等长；花通常淡黄色至绿黄色，近直立；花梗长3～5mm；萼片与花瓣合生成歪斜的花被筒，长约1cm，顶端5裂，萼裂片大于花冠裂片；唇瓣藏于筒内，长圆状卵圆形，较小，先端3裂，中裂片舌状，具乳突，边缘流苏状，侧裂片耳状，无距；子房倒卵形。蒴果近直立，倒卵状椭圆形，长约1.5cm。花期7月，果期10月。

分布范围：产于天目山、清凉峰，生于海拔900～1500m的沟谷林下阴湿处。

保护价值：中国传统名贵中药，具有益气、定惊、养肝、止晕、祛风湿、强筋骨等功效。习性和形态特殊，对研究兰科植物的系统演化具有重要意义。

84. 血红肉果兰 | *Cyrtosia septentrionalis*（Rchb. f.）Garay
兰科 肉果兰属

别　　名：红果山珊瑚

保护级别：《濒危野生动植物种国际贸易公约（2016年）》附录 Ⅱ

形态特征：多年生腐生植物，植株高40～70（～100）cm。根状茎粗壮，横走，不分枝，具褐色卵形鳞片。茎直立，红褐色，上部被锈色短柔毛。叶鳞片状，三角形至卵状披针形。圆锥花序，花序轴上部被锈色短柔毛；不育苞片卵状披针形；花苞片披针形；花黄褐色，先端带红色；花梗长1～2mm；中萼片椭圆形，背面密被锈色短柔毛，侧萼片披针形，稍偏斜；花瓣与侧萼片同形，背面无毛；唇瓣阔卵形，直立，先端钝圆，基部稍抱蕊柱。果实肉质，血红色，长椭圆形。花期6～7月，果期8～9月。

分布范围：产于天目山、清凉峰、龙岗镇，生于海拔1000～1200m的山坡林下。

保护价值：果实血红色，具较高观赏价值。

85. 小沼兰 | *Malaxis microtatantha* Tang & F. T. Wang
兰科 沼兰属

保护级别：《濒危野生动植物种国际贸易公约（2016年）》附录Ⅱ

形态特征：多年生草本，植株高3～8cm。假鳞茎小，卵形或近球形，外被白色的薄膜质鞘。叶1，生于假鳞茎顶端；叶片近圆形、卵形或椭圆形；叶柄鞘状，抱茎。花葶直立，紫色；总状花序密生多数花；花小，黄色；中萼片宽卵形至近长圆形，先端钝，边缘外卷，侧萼片三角状卵形，大小与中萼片相近；花瓣条状披针形或条形；唇瓣位于下方，基部3深裂，侧裂片条形，中裂片三角状卵形；蕊柱粗短。花期4月，果期10月。

分布范围：产于清凉峰，生于海拔200～600m的山坡林下或阴湿岩缝中。

保护价值：植株小巧，叶片青翠，花形可爱，亭亭玉立，可作盆栽观赏。

86. 长唇羊耳蒜 | *Liparis pauliana* Hand.-Mazz.
兰科　羊耳蒜属

保护级别：《濒危野生动植物种国际贸易公约（2016年）》附录Ⅱ

形态特征：多年生地生草本，植株高8～30cm。假鳞茎卵形，外被白色的薄膜鞘。叶通常2，卵形至椭圆形，膜质或草质，基部收狭成鞘状柄，无关节。花莛长7～28cm，通常比叶长1倍以上；总状花序疏生数花；花淡紫色至紫色；萼片常淡黄绿色，线状披针形，具3脉，侧萼片较倾斜；花瓣狭条形，具1脉；唇瓣倒卵状椭圆形，先端圆形具短尖。蒴果倒卵形，上部有6翅，翅宽达1.5mm，向下渐狭至无。花期5月，果期9～10月。

分布范围：产于天目山、清凉峰、太湖源镇、昌化镇、龙岗镇、河桥镇、湍口镇、岛石镇，生于海拔600～1200m的山坡林下或岩壁中。

保护价值：株形小巧，亭亭玉立，花色雅致，可用于盆栽观赏。全草入药，具有活血止血、消肿止痛等功效。

87. 香花羊耳蒜 | *Liparis odorata*（Willd.）Lindl.
兰科 羊耳蒜属

别　　名： 石大蒜

保护级别：《濒危野生动植物种国际贸易公约（2016年）》附录Ⅱ

形态特征： 多年生草本，植株高18～38cm。假鳞茎近卵形，有节，外被白色的薄膜质鞘。叶2～4，狭椭圆形、卵状长圆形、长圆状披针形或线状披针形，膜质或草质。花葶明显高出叶面；总状花序疏生数花至10余花；花绿黄色或淡绿褐色；花瓣近狭线形，具1脉；唇瓣倒卵状长圆形，先端近截形并微凹，上部边缘有细齿，近基部具2枚相连的棒状的胼胝体；蕊柱向前弯曲，两侧有狭翅。蒴果倒卵状长圆形或椭圆形。花期6～7月，果期10月。

分布范围： 产于清凉峰，生于海拔800～1000m的山坡、沟谷林下阴湿处。

保护价值： 株形可爱，花色雅致，可供盆栽观赏。全草入药，具清热解毒、凉血止血、化痰止咳等功效。

88. 见血清 ｜ *Liparis nervosa*（Thunb. ex A. Murray）Lindl.
兰科 羊耳蒜属

别　　名： 羊耳蒜、见血莲、矮胖儿、铁爬树

保护级别：《濒危野生动植物种国际贸易公约（2016年）》附录 II

形态特征： 多年生地生草本，植株高12～30cm。假鳞茎近卵形，有节，外被白色的薄膜质鞘。叶2，狭椭圆形、卵状长圆形、长圆状披针形或线状披针形，膜质或草质。花葶明显高出叶面；总状花序疏生数花至10余花；花暗紫色；萼片条状披针形，先端略钝，具3脉，侧萼片稍偏斜；花瓣条形，具1脉；唇瓣紫色或紫红色，卵形或倒卵形，先端钝或凹入，基部有2枚胼胝体，边缘稍有不明显的细齿或近全缘，基部变狭；蕊柱上部有狭翅，基部扩大。蒴果倒卵状长圆形。花期6～8月，果期9～10月。

分布范围： 产于清凉峰，生于海拔1000～1400m的山坡林下。

保护价值： 株形可爱，花色雅致，可供盆栽观赏。全草入药，具有凉血止血、清热解毒等功效。

89. 绥草 | *Spiranthes sinensis*（Pers.）Ames
兰科 绥草属

别　　名：盘龙参

保护级别：《濒危野生动植物种国际贸易公约（2016年）》附录Ⅱ

形态特征：多年生草本，植株高15～45cm。根数条，指状，簇生。茎较短，近基部生2～5叶。叶片宽线形或宽线状披针形，直立伸展。花莛直立；总状花序具多数呈螺旋状排列的小花；苞片无毛；花小，红色或粉红色；萼片无毛，中萼片舟状，侧萼片偏斜；花瓣斜菱状长圆形，先端钝，与中萼片等长；唇瓣基部凹陷呈浅囊状，囊内具2枚胼胝体；子房无毛。花期7～8月，果期10月。

分布范围：产于全区山区、半山区，生于海拔300～800m的山坡林下或溪边草丛。

保护价值：花红色或粉红色，花序如红龙般盘绕在花茎上，别具一格，分外惹人怜爱，极具观赏价值。全草入药，具有益阴清热，润肺止咳，消肿止痛、止血等功效。

90. 香港绶草 | *Spiranthes hongkongensis* S.Y. Hu & Barretto
兰科 绶草属

保护级别：《濒危野生动植物种国际贸易公约（2016年）》附录 II

形态特征： 多年生草本，植株高10～40cm。根数条，指状，簇生。茎较短，近基部生2～5叶。叶片宽线形或宽线状披针形，直立伸展。花葶直立；总状花序具多数呈螺旋状排列的小花；苞片具腺毛；花小，白色；萼片具腺毛，下部靠合，中萼片舟状，先端钝，侧萼片偏斜；花瓣斜菱状长圆形，先端钝，与中萼片等长但较薄；唇瓣基部凹陷呈浅囊状，囊内具2枚胼胝体。花期7～8月，果期10月。

分布范围： 产于天目山、清凉峰、太湖源镇、於潜镇、昌化镇、龙岗镇，生于海拔600～1200m的山坡林下或溪边草丛。

保护价值： 花白色，花序如白龙般盘绕在花茎上，别具一格，极具观赏价值。全草入药，功效同绶草。

91. 二叶兜被兰 | *Neottianthe cucullata*(Linn.) Schltr.
兰科 兜被兰属

保护级别：《濒危野生动植物种国际贸易公约（2016年）》附录 II

形态特征：多年生草本，植株高6～20cm。块茎近球形或宽椭圆形。茎直立，基部常具2叶。叶近平展或直立伸展，叶片卵形或狭椭圆形。总状花序具花4～20，偏向同一侧；花淡紫红色；萼片与花瓣靠合成兜状，中萼片披针形，侧萼片条状披针形，与中萼片几等长；花瓣狭条形，与萼片均具1脉；唇瓣向前伸展，长7～9mm，上面和边缘具细乳突，基部楔形，中部3裂；距细圆筒状圆锥形，向前弯曲，近呈"U"字形；子房纺锤形，无毛。花期9～10月，果期11月。

分布范围：产于天目山、清凉峰，生于海拔900～1500m的山坡林下或岩缝。

保护价值：花色秀雅，形态奇特，可用于盆栽观赏，也可用于假山点缀上。全草入药，具有强心兴奋、活血散瘀等功效。

92. 无柱兰 | *Amitostigma gracile*（Blume）Schltr.
兰科　无柱兰属

别　　名：细葶无柱兰

保护级别：《濒危野生动植物种国际贸易公约（2016年）》附录Ⅱ

形态特征：多年生地生草本，植株高8～20cm。块茎卵形或长圆状椭圆形，肉质。茎纤细，具1叶和1～2苞片状叶。叶片长圆形或椭圆状长圆形，基部收狭成抱茎的鞘。花葶纤细，直立，无毛；总状花序具有花5～20，偏向一侧；花小，白色或淡紫色；中萼片直立，卵形，舟状，侧萼片斜卵形至倒卵形；花瓣斜椭圆形或卵形，先端急尖；唇瓣3裂，中裂片长圆形，侧裂片卵状长圆形；距纤细，筒状，下垂，长2～3mm；蕊柱极短；子房长圆锥形，无毛，具长柄。花期6～7月，果期8～9月。

分布范围：产于全区山区、半山区，生于海拔400～1200m的山坡沟谷阴湿岩石缝。

保护价值：株形娇小，花色淡雅，具有较高观赏价值。

93. 舌唇兰 | *Platanthera japonica*（Thunb.）Lindl.
兰科 舌唇兰属

保护级别：《濒危野生动植物种国际贸易公约（2016年）》附录 Ⅱ

形态特征：多年生地生草本，植株高35～70cm。根状茎肉质，指状。茎粗壮，直立。叶3～6，自下向上渐小，椭圆形，先端钝或急尖，基部鞘状抱茎。总状花序，具花10～25；花大，淡黄色或黄色；中萼片直立，卵形，稍呈兜状，先端钝或急尖，侧萼片反折，斜卵形，具三脉；花瓣直立，线形，先端钝，具1脉，与中萼片靠合呈兜状；唇瓣线形，不分裂，肉质，基部贴生蕊柱；距细长，丝状；子房细圆柱形，无毛；柱头1，凹陷。花期6～7月，果期8～9月。

分布范围：产于天目山、清凉峰，生于海拔800～1500m的山坡林下。

保护价值：花葶细长，亭亭玉立，花大雅致，清新可爱，可用于盆栽观赏，具有较高的观赏价值。根入药，具有清热解毒、润肺止咳等功效。

94. 尾瓣舌唇兰 | *Platanthera mandarinorum* Rchb. f.
兰科 舌唇兰属

保护级别：《濒危野生动植物种国际贸易公约（2016年）》附录 II

形态特征： 多年生地生草本。植株高18～45cm。根状茎指状或膨大呈纺锤形。茎直立，具叶1（～3）。叶片长圆形，稀线状披针形，先端急尖，基部抱茎。总状花序疏生花7～20；花黄绿色，花瓣、萼片均具三脉；中萼片宽卵形至心形，凹陷；花瓣、萼片基部一侧扩大，反折；唇瓣淡黄色，披针形至舌状披针形，先端钝；距细长，向后斜伸且有时上举；子房纺锤形。花期6～7月，果期8～9月。

分布范围： 产于天目山、清凉峰，生于海拔800～1100m的山坡林下或草丛。

保护价值： 叶片青翠，花形奇特，花色雅致，可用于盆栽观赏，具有较高的观赏价值。全草入药，具有镇静解痉、益肾安神、利尿降压等功效。

95. 小舌唇兰 | *Platanthera minor*（Miq.）Rchb. f.
兰科 舌唇兰属

别　　名：小长距兰、卵唇粉蝶兰、高山粉蝶兰

保护级别：《濒危野生动植物种国际贸易公约（2016年）》附录 Ⅱ

形态特征：多年生地生草本，植株高20～60cm。块茎椭圆形，肉质。茎粗壮，直立。叶互生；叶片椭圆形至长圆状披针形，基部鞘状抱茎。总状花序，具多数疏生的花；子房圆柱形，向上渐狭，扭转；花黄绿色；萼片具3脉，边缘全缘，中萼片直立，凹陷呈舟状，侧萼片反折，稍斜椭圆形；花瓣直立，斜卵形，有基出2脉及1支脉；唇瓣舌状，肉质，下垂；距细筒状，下垂，稍向前弧曲。花期6～7月，果期8～9月。

分布范围：产于天目山、清凉峰，生于海拔400～1200m的山坡林下或草丛。

保护价值：叶片青翠，花色雅致，可用于盆栽观赏。全草入药，具有养阴润肺、益气生津等功效。

96. 东亚舌唇兰 | *Platanthera ussuriensis*（Regel）Maxim.
兰科 舌唇兰属

保护级别：《濒危野生动植物种国际贸易公约（2016年）》附录Ⅱ

形态特征：多年生地生草本，植株高20～55cm。根状茎指状肉质，细长，弓曲。茎较纤细，直立。大叶片匙形或狭长圆形，直立伸展。总状花序疏生花10～20；花苞片直立伸展，狭披针形；花较小，淡黄绿色；中萼片直立，凹陷呈舟状，宽卵形，具3脉，侧萼片张开或反折，偏斜，狭椭圆形，较中萼片略长；花瓣直立，稍肉质；唇瓣向前伸展，舌状披针形，基部两侧各具1近半圆形、前面截平、先端钝的小侧裂片；距纤细，细筒状，下垂。花期7～8月，果期9～10月。

分布范围：广布于全区，生于海拔700～1500m的山坡林下、林缘或沟谷阴湿处。

保护价值：株形小巧，叶片青翠，花色淡雅，花瓣像飞舞的蜻蜓，极具观赏价值。根入药，具有祛风通络、清热解毒等功效。

97. 阔蕊兰 | *Peristylus goodyeroides*（D. Don）Lindl.
兰科 阔蕊兰属

别　　名：绿花阔蕊兰、白缘边玉凤兰

保护级别：《濒危野生动植物种国际贸易公约（2016年）》附录Ⅱ

形态特征：多年生草本，植株高30～75cm。块茎肉质，长圆形或椭圆形。茎直立，无毛。叶4～6，稍疏生或集生；叶片椭圆形或卵状披针形，基部鞘状抱茎。总状花序具花20～40；花较小，绿色、淡绿色或白色；中萼片卵状披针形、卵形至阔卵形，直立，稍弧曲，凹陷，侧萼片斜长圆形，张开，皆具1脉；花瓣直立，伸展或稍张开，稍肉质；唇瓣倒卵状长圆形，向前伸展；唇瓣3浅裂，中裂片较侧裂片稍宽，基部具球状距；距颈部收狭；蕊柱粗短，直立。花期7～8月，果期9月。

分布范围：产于天目山、太湖源镇，生于海拔200～600m的山坡林下或灌草丛。

保护价值：花形奇特，花色淡雅，可供盆栽观赏。

98. 毛葶玉凤花 | *Habenaria ciliolaris* Kraenzl.
兰科 玉凤花属

别　　名：丝裂玉凤花、玉蜂兰、玉凤兰

保护级别：《濒危野生动植物种国际贸易公约（2016年）》附录Ⅱ

形态特征：多年生草本，植株高25～60cm。块茎肉质，长圆状卵形或长圆形，长2～5cm。茎近中部具叶5～6，向上疏生小叶5～10。叶片椭圆状披针形、倒卵状匙形，基部抱茎。花序具花6～15；花葶具棱，棱具长柔毛；花白色或绿白色；中萼片宽卵形，兜状，侧萼片反折，极斜卵形；花瓣直立，斜披针形，外侧厚，与中萼片靠合呈兜状；唇瓣较萼片长，基部3深裂，裂片丝状，并行，向上弯曲，中裂片下垂，基部无胼胝体；距圆筒状棒形，末端膨大，下垂。花期8～9月，果期9～10月。

分布范围：产于天目山、清凉峰，生于海拔300～500m的山坡、山谷林下阴湿处。

保护价值：叶片青翠，亭亭玉立，花形奇特，花色雅致，可用于盆栽观赏。块茎入药，具有补肾壮阳、解毒消肿等功效。

99. 鹅毛玉凤花 | *Habenaria dentata*（Sw.）Schltr.
兰科 玉凤花属

别　　名：白凤兰、齿玉凤兰

保护级别：《濒危野生动植物种国际贸易公约（2016年）》附录Ⅱ

形态特征：多年生草本，植株高35~90cm。块茎1~2，肉质。茎疏生叶3~5，其上具数枚小叶。叶片长圆形至长椭圆形。花序具多花，花序轴无毛；花白色；萼片和花瓣具缘毛；中萼片宽卵形，直立，凹入，与花瓣靠合呈兜状，侧萼片斜卵形；花瓣直立，镰状披针形；唇瓣3深裂，中裂片狭窄，侧裂片宽大，先端具齿；距细圆筒状棒形，下垂，长达4cm，中部稍前弯，向末端渐粗，中部以下绿色，距口隆起。花期8~9月，果期10~11月。

分布范围：产于天目山、清凉峰，生于海拔200~800m的山坡林下或沟谷草丛中。

保护价值：花大，白色，形似白鹭，可作湿地或花镜植物，也可供盆栽观赏。块茎入药，具有利尿、消炎、解毒等功效。

100. 线叶玉凤花 | *Habenaria linearifolia* Maxim.
兰科 玉凤花属

别　　名：线叶十字兰、十字兰

保护级别：《濒危野生动植物种国际贸易公约（2016年）》附录 II

形态特征：多年生草本，植株高25～80cm。块茎肉质，卵形或球形。茎直立，圆柱形，具多数疏生的叶。叶片狭条形，基部鞘状抱茎，向上渐小成苞片状。总状花序具花8～20；花白色或绿白色，无毛；中萼片直立，凹陷呈舟形，具5脉，与花瓣相靠呈兜状，侧萼片张开，反折，斜卵形，先端急尖，具4～5脉；花瓣直立，半正三角形，2裂；唇瓣向前伸展，3深裂，裂片条形，近等长，中裂片全缘，先端渐狭、钝，侧裂片向前弧曲，先端具流苏；距下垂，稍向前弯曲。花期7～8月，果期10月。

分布范围：产于天目山、清凉峰、龙岗镇，生于海拔400～900m的山坡林下或沟谷草丛中。

保护价值：株形优雅，花形奇特，可作盆栽观赏。

101. 裂瓣玉凤花 | *Habenaria petelotii* Gagnep.
兰科 玉凤花属

别　　名：毛瓣玉凤花、裂瓣玉凤兰

保护级别：《濒危野生动植物种国际贸易公约（2016年）》附录 Ⅱ

形态特征：多年生草本，植株高35～50cm。块茎长圆形，肉质。茎粗壮，圆柱形，直立。叶片椭圆形或椭圆状披针形。总状花序具3～12疏生的花；花淡绿色或白色，中等大；中萼片卵形，凹陷呈兜状，具3脉，侧萼片极张开，长圆状卵形，先端渐尖，具3脉；花瓣从基部2深裂，裂片线形，近等宽，上裂片直立，与中萼片并行，下裂片与唇瓣的侧裂片并行，长达2cm；唇瓣3深裂，裂片线形，近等长；距圆筒状棒形，下垂，稍向前弯曲。花期7～9月，果期10~11月。

分布范围：产于天目山、清凉峰，生于海拔300～1100m的山坡、沟谷林下或草丛中。

保护价值：植株小巧，叶片青翠，花色淡雅，花形奇特，亭亭玉立，可作盆栽观赏。块茎入药，具有补肾、利尿等功效。

102. 朱兰 | *Pogonia japonica* Rchb. f.
兰科 朱兰属

保护级别：《濒危野生动植物种国际贸易公约（2016年）》附录Ⅱ

形态特征：多年生草本，植株高10～25cm。根状茎直生，具细长、稍肉质的根。茎直立，纤细。叶稍肉质，矩圆形或矩圆状倒披针形。单花，顶生；紫红色至淡紫红色；萼片狭矩圆状倒披针形；唇瓣狭矩圆形，3裂，侧裂片顶端有不规则缺刻，中裂片舌状或倒卵形，边缘具流苏状齿缺；唇瓣基部有2～3纵褶片延伸至中裂片上，褶片互相靠合而形成肥厚的脊；蕊柱细长，上部具狭翅。蒴果长圆形。花期5～6月，果期9～10月。

分布范围：产于清凉峰，生于海拔1500～1600m的季节性湿地。

保护价值：植株娇小，花色雅致，可盆栽于室内观赏，亦可点缀于较荫蔽的花坛、花镜或庭园。全草入药，具有收敛止血、消肿生肌等功效。

103. 银兰 | *Cephalanthera erecta*（Thunb.）Blume
兰科 头蕊兰属

保护级别：《濒危野生动植物种国际贸易公约（2016年）》附录Ⅱ

形态特征： 多年生地生草本，植株高20～30cm。根茎短，具多数细长根。茎直立，上部具叶3～4。叶片狭长椭圆形至卵形，基部鞘状抱茎。总状花序，具花3～10，花序轴具棱；花苞片小，鳞片状；花白色，直立，长约1.2cm；萼片宽披针形，先端急尖，中萼片较侧萼片稍狭；花瓣与萼片相似，稍短；唇瓣长5～6mm，先端3裂，中裂片近心形或宽卵形，内面具3纵褶片，侧裂片卵状三角形或披针形；距圆锥状，长约2mm，伸出侧萼片之外。蒴果直立，细圆柱形。花期4～5月，果期8～9月。

分布范围： 产于天目山、清凉峰、太湖源镇、於潜镇、天目山镇、太阳镇、昌化镇、龙岗镇、河桥镇、湍口镇、清凉峰镇、岛石镇，生于海拔300～1200m的山坡、沟谷林下。

保护价值： 叶片青翠，花色洁白素雅，极具观赏价值。全草入药，具有清热利尿等功效。

104. 金兰 *Cephalanthera falcata*（Thunb.）Blume 兰科 头蕊兰属

别　　名：头蕊兰、桠雀兰、黄兰

保护级别：《濒危野生动植物种国际贸易公约（2016年）》附录Ⅱ

形态特征：多年生地生草本，植株高20～50cm。根状茎粗短，具多数细根。茎直立，上部具叶4～7。叶片椭圆形、椭圆状披针形至卵状披针形，基部鞘状抱茎。总状花序顶生，具花5～10；花苞片小；花黄色，直立，长约1.5cm，不完全展开；萼片卵状椭圆形，先端钝或急尖；花瓣与萼片相似，稍短；唇瓣长8～9mm，先端不裂或3浅裂，中裂片圆心形，内面具7纵褶片，侧裂片三角形；距圆锥形，长约2mm，伸出萼片外。蒴果，狭椭圆形。花期4～5月，果期8～9月。

分布范围：产于天目山、清凉峰、龙岗镇、岛石镇，生于海拔400～1200m的山坡、沟谷林下。

保护价值：株形优美，花色艳丽，极具观赏价值。全草药用，具有清热泻火、消肿、祛风、健脾、活血等功效。

105. 尖叶火烧兰 | *Epipactis thunbergii* A. Gray
兰科 火烧兰属

保护级别：《濒危野生动植物种国际贸易公约（2016年）》附录Ⅱ

形态特征： 多年生地生草本，植株高30～65cm。根状茎粗短。茎直立，基部具2～4鳞片状鞘，上部具叶6～8。叶片长椭圆形至卵状披针形，先端渐尖，基部抱茎成鞘状，向上叶逐渐变小。总状花序顶生，具花5～10；花苞片叶状，卵状披针形；花黄绿色，花后下垂；中萼片卵状披针形，舟状，侧萼片与中萼片同形等长；花瓣宽卵形，稍偏斜，先端钝圆；唇瓣3裂，粉红色，中部缢缩成前后两部分，中裂片近圆形，边缘波状，上面有5～7纵褶片，侧裂片三角形；距圆锥形，长约3mm，先端钝。花期5～6月，果期9～10月。

分布范围： 产于天目山，生于海拔约1000m的山坡、沟谷林下。

保护价值： 株形优美，花形奇特，花色艳丽，极具观赏价值。

106. 大花斑叶兰 | *Goodyera biflora*（Lindl.）Hook. f.
兰科 斑叶兰属

别　　名： 长花斑叶兰、双花斑叶兰、大斑叶兰

保护级别：《濒危野生动植物种国际贸易公约（2016年）》附录 Ⅱ

形态特征： 多年生地生草本，植株高5～15cm。根状茎长，绿色，具叶4～6。叶片卵形或椭圆形，上面蓝绿色，具白色斑纹，下面淡绿色，先端渐尖或急尖，基部近圆形；叶柄基部膨大成鞘状抱茎。总状花序通常具2花，稀3～6，常偏向一侧，花序轴被短柔毛；花苞片披针形，背面被短柔毛；花大，黄白色，偶稍带淡红色，长筒状；萼片披针形，中萼片先端外弯，侧萼片稍短；花瓣披针形，镰状，与中萼片合生成兜状；唇瓣基部具有囊，内面具刚毛，前部外弯，边缘膜质，波状。蒴果椭圆形。花期5～6月，果期10～11月。

分布范围： 产于天目山、清凉峰，生于海拔300～1100m的山坡、沟谷林下。

保护价值： 植株娇小，叶片纹理美观，花形淡雅，极具观赏价值。

107. 斑叶兰 | *Goodyera schlechtendaliana* Rchb. f.
兰科 斑叶兰属

别　　名：小叶青、银线莲

保护级别：《濒危野生动植物种国际贸易公约（2016年）》附录Ⅱ

形态特征：多年生地生草本，植株高10～20cm。茎上部直立，下部匍匐伸长成根状茎，具4～6叶。叶片卵形或卵状披针形，上面绿色，具黄白色斑纹，下面淡绿色，先端急尖，基部楔形；叶柄基部膨大成鞘状抱茎。总状花序具多数花，常偏向同一侧，花序轴被短柔毛；花苞片披针形，背面被短柔毛；花小，白色或带粉红色；中萼片长圆状披针形，外面被柔毛，侧萼片卵状披针形；花瓣倒披针形，镰状，与中萼片合生成兜状；唇瓣卵形，基部凹陷成囊状，内面具多数腺毛，前部舌状，略向下弯。蒴果椭圆形。花期9～10月，果期11月。

分布范围：产于全区山区、半山区，生于海拔400～1200m的山坡、沟谷林下。

保护价值：植株娇小，叶片纹理美观，花形独特，花色洁白，极具观赏价值。全草入药，具有活血止痛、清肺止咳、消肿解毒等功效。

108. 绒叶斑叶兰 | *Goodyera velutina* Maxim. ex Regel
兰科 斑叶兰属

别　　名：白肋斑叶兰

保护级别：《濒危野生动植物种国际贸易公约（2016年）》附录Ⅱ

形态特征：多年生地生草本，植株高5～20cm。根状茎匍匐伸长，暗红褐色。茎直立，被柔毛，基部具叶3～5。叶片卵形至椭圆形，先端急尖，基部圆，上面深绿色至暗紫绿色，天鹅绒状，沿中脉具白色带，下面紫红色；叶柄基部膨大成鞘状抱茎。总状花序具花6～15，常偏向同一侧；花苞片披针形，红褐色；花小，花白色或稍带粉红色；中萼片长圆形，侧萼片稍小，略偏斜；花瓣长圆状菱形，先端急尖，与中萼片合生成兜状；唇瓣凹陷成囊状，囊内面具多数腺毛，前部舌状，略下弯。花期9～10月，果期11～12月。

分布范围：产于天目山，生于海拔700～1000m的山坡、沟谷林下。

保护价值：植株娇小，叶色浓绿，纹理美观，花形奇特，极具观赏价值。全草入药，具有活血止痛、清肺止咳、消肿解毒等功效。

109. 蕙兰 | *Cymbidium faberi* Rolfe
兰科 兰属

别　　名：九节兰

保护级别：《濒危野生动植物种国际贸易公约（2016年）》附录Ⅱ

形态特征：多年生地生草本，植株高20～60cm。假鳞茎不明显。6～10叶成束状丛生；叶片带形，革质，中下部对折呈"V"形，边缘具细锯齿；叶脉明显。花莛近直立，通常高于叶丛，具多数膜质鞘，鞘长约3cm；总状花序具花5～16；花苞片披针形；花黄绿色或紫褐色，芳香；萼片狭长倒披针形，稍肉质，先端急尖；花瓣狭长披针形；唇瓣长圆形，具紫红色斑点，不明显3裂，中裂片椭圆形，向下反卷，上面具乳突和紫红色斑点，边缘具齿，皱褶呈波状，侧裂片直立，紫色，唇盘有2弧形的褶片。蒴果长椭圆形。花期4～5月，果期9～10月。

分布范围：产于全区山区、半山区，生于海拔250～1100m的山坡、沟谷林下。

保护价值：栽培历史悠久，"蕙质兰心"中"蕙"指蕙兰。花繁叶茂，花姿优美，幽香浓郁，具有极高的观赏与人文价值。根入药，具有润肺止咳、杀虫等功效。

110. 春兰 | *Cymbidium goeringii*（Rchb. f.）Rchb. f.
兰科 兰属

别　　名：兰花、草兰

保护级别：《濒危野生动植物种国际贸易公约（2016年）》附录Ⅱ

形态特征：多年生地生草本，植株高20～50cm。假鳞茎小，卵球形，包藏于叶基之内。叶4～8成束状丛生；叶片带形，边缘具细锯齿。花莛直立，明显短于叶丛，花1，稀2；花苞片膜质，鞘状包围花莛；花淡黄绿色，芳香；萼片较厚，长圆状披针形，中脉紫红色，基部具紫纹，中萼片长3～4cm，侧萼片稍小；花瓣卵状披针形，紫褐色斑点，中脉紫红色，先端渐尖；唇瓣乳白色，不明显3裂，中裂片向下反卷，先端钝，侧裂片较小，唇盘中央从基部至中部具2褶片。蒴果长椭圆柱形。花期1～3月，果期8～9月。

分布范围：产于全区山区、半山区，生于海拔300～900m的山坡、沟谷林下。

保护价值：中国十大传统名花之一，栽培历史悠久，株形绰约，花色清雅，幽香浓郁，具有极高的观赏与人文价值。全草入药，具有养阴润肺、清热解毒、利水渗湿、凉血止血等功效。

111. 无距虾脊兰 │ *Calanthe tsoongiana* Tang & F. T. Wang
兰科　虾脊兰属

保护级别：《濒危野生动植物种国际贸易公约（2016年）》附录Ⅱ

形态特征：多年生地生草本，植株高30～60cm。假鳞茎近圆锥形，具叶2～3。叶近基生；叶片长椭圆形，先端钝，基部渐狭至叶柄，叶背被短毛。花莛从叶丛中长出，直立，有槽，被稀疏长柔毛；总状花序，长10～16cm，疏生多花；花苞片卵形，宿存；花小，淡紫色；萼片相似，长圆形，长约6mm，先端钝，侧萼片偏斜；花瓣匙形，先端钝；唇瓣3裂，裂片近相似，中裂片先端截形，中央稍凹入并具细尖，侧裂片长圆形，先端圆形；唇盘上无褶片和其他附属物，无距；子房瘦长，被短柔毛。花期3～4月，果期8月。

分布范围：产于天目山、清凉峰、太湖源镇、於潜镇、天目山镇、龙岗镇、清凉峰镇、岛石镇，生于海拔300～1200m的山坡、沟谷林下。

保护价值：中国特有种。植株优雅，花姿优美，花色艳丽，极具观赏价值。

112. 反瓣虾脊兰 | *Calanthe reflexa*(Kuntze) Maxim.
兰科 虾脊兰属

保护级别：《濒危野生动植物种国际贸易公约（2016年）》附录 II

形态特征：多年生地生草本，植株高20~35cm。假鳞茎粗短，具叶4～5。叶近基生；叶片椭圆形，先端锐尖，基部渐狭至叶柄，两面无毛。花葶从叶丛中长出，远高出叶丛，被短毛；总状花序，长10～20cm，疏生多花；花苞片狭披针形，先端渐尖；花梗纤细；花大，淡紫色，开放后萼片和花瓣反折；萼片相似，长1.5～2.0cm，卵状披针形，先端尾尖；花瓣条形，先端渐尖；唇瓣3裂，无距，侧裂片长圆状镰形，全缘，先端钝，中裂片椭圆形或倒卵状楔形，先端锐尖，边缘具不整齐的齿。花期7～8月，果期11月。

分布范围：产于天目山，生于海拔500～1200m的山坡、沟谷林下或溪边草丛中。

保护价值：中国特有种。植株优雅，花姿优美，花色艳丽，极具观赏价值。

113. 虾脊兰 | *Calanthe discolor* Lindl.
兰科 虾脊兰属

别　　名： 海老根、地虾脊兰

保护级别：《濒危野生动植物种国际贸易公约（2016年）》附录 Ⅱ

形态特征： 多年生地生草本，植株高30～50cm。假鳞茎粗短，具叶2～3。叶近基生；叶片狭卵状长圆形，先端急尖或具短尖，基部渐狭至叶柄，背面密被短毛；叶柄明显。花莛从叶丛中长出，密被短柔毛；总状花序，长6～10cm，疏生多数花；花苞片披针形，膜质；花大，紫红色，开展；萼片近等长，长约1.2cm，中萼片卵状椭圆形，侧萼片狭卵状披针形，先端急尖；花瓣较中萼片小，倒卵状匙形或倒卵状披针形；唇瓣白色，3裂，中裂片先端2裂，中央无短尖，边缘具齿，唇瓣具3纵褶片；距纤细，长6～10mm，末端弯曲而非钩状。花期4～5月，果期8～9月。

分布范围： 产于天目山、清凉峰、太湖源镇、於潜镇、天目山镇、龙岗镇、岛石镇，生于海拔700～1200m的山坡、沟谷林下或溪边草丛中。

保护价值： 中国特有种。植株优雅，花姿优美，花色艳丽，极具观赏价值。全草入药，具有活血化瘀、消痈散结等功效。

114. 白及 | *Bletilla striata*（Thunb.）Rchb. f.
兰科 白及属

别　　名：白芨

保护级别：《濒危野生动植物种国际贸易公约（2016年）》附录Ⅱ

形态特征：多年生地生草本，植株高30～80cm。假鳞茎扁球形，上面具荸荠似的环带，富黏性。茎粗壮，劲直。叶4～6，狭长圆形至披针形，先端渐尖，基部收狭成鞘并抱茎。花序具花3～10，常不分枝，花序轴呈"之"字状曲折；花大，紫红色或粉红色；萼片和花瓣近等长，狭长圆形，花瓣较萼片稍宽；唇瓣较萼片和花瓣短，倒卵状椭圆形，白色带紫红色，具5纵褶片；蕊柱柱状，具狭翅。花期4～5月，果期9～10月。

分布范围：广布于全区山区、半山区，生于海拔150～1000m的山坡林下。

保护价值：花大美丽，可作盆栽观赏，亦可点缀于较为荫蔽的花台、花境或庭院。假鳞茎入药，具有收敛止血、消肿生肌等功效。

115. 台湾独蒜兰 | *Pleione formosana* Hayata
兰科 独蒜兰属

别　　名：独蒜兰、岩慈姑、独叶一枝花

保护级别：《濒危野生动植物种国际贸易公约（2016年）》附录 II

形态特征：半附生或附生草本，植株高10～25cm。假鳞茎斜狭卵形或长瓶颈状，顶生1叶，叶脱落后，在假鳞茎顶端宿存皿状齿环。花叶同时出现，叶椭圆形。花莛从假鳞茎顶端长出，顶生1花；苞片线状披针形至狭椭圆形；花大，紫红色或粉红色；萼片与花瓣等长，近同形，狭披针形；唇瓣宽阔，基部楔形，先端不明显3裂，侧裂片先端圆钝，中裂片半圆形；蕊柱长线形，顶端扩大成鞘。蒴果纺锤形。花期5～6月，果期9～10月。

分布范围：产于天目山、清凉峰、太湖源镇、於潜镇、太阳镇、潜川镇、昌化镇、龙岗镇、河桥镇、湍口镇、岛石镇，生于海拔600～1500m的沟谷阴湿石壁上。

保护价值：花大美丽，形态优雅，是珍贵的野生花卉种质资源，可用于盆栽观赏。

116. 独花兰 | *Changnienia amoena* S. S. Chien
兰科 独花兰属

别　　名：长年兰、山慈姑、带血独叶一枝枪

保护级别：《濒危野生动植物种国际贸易公约（2016年）》附录Ⅱ

形态特征：多年生草本，植株高10～20cm。假鳞茎肉质，椭圆形或宽卵球形，淡黄白色，顶端生1叶。叶片宽卵形或宽椭圆形，先端急尖或短渐尖，基部圆形，下面紫红色；叶柄长5～9cm，具棱。花莛从假鳞茎顶端抽生；花大，直径4～7cm，单花顶生，淡紫色；苞片小，早落；萼片3，长圆状披针形；花瓣倒卵状披针形，较萼片短而宽；唇瓣3裂，侧裂片斜卵形，中裂片斜出，肾形，边缘皱波状，内面唇盘具5纵褶片，散生紫红色斑点；距粗短，角状；蕊柱两侧有宽翅，背面带紫红色；子房圆柱形。蒴果长椭圆形。花期3～4月，果期10～11月。

分布范围：产于天目山，生于海拔800～1000m的山坡、沟谷林下阴湿处。

保护价值：我国特有的单种属植物，对研究兰科植物的系统发育等方面有重要的学术价值。花大艳丽，形态优雅，是珍贵的野生花卉资源。假鳞茎入药，具有清热解毒、凉血等功效。

117. 杜鹃兰 | *Cremastra appendiculata*（D. Don）Makino
兰科 杜鹃兰属

保护级别：《濒危野生动植物种国际贸易公约（2016年）》附录Ⅱ

形态特征：多年生地生草本，植株高20～50cm。假鳞茎卵球形，通常具2节，被膜质鳞片。叶通常1，生于假鳞茎顶端；叶片长椭圆形或倒披针状椭圆形，先端急尖，基部楔形收狭成柄；叶柄长6～12cm。花葶直立；总状花序，具花5～22；花紫褐色，常偏向一侧，芳香，多少下垂，不完全开放，狭钟形；萼片倒披针形，侧萼片偏斜；花瓣倒披针形；唇瓣与花瓣近等长，条形，上部3裂，侧裂片狭条形，中裂片卵形或狭长圆形，基部2侧裂片间具肉质凸起。蒴果椭圆形，下垂。花期5～6月，果期9～10月。

分布范围：产于天目山、清凉峰、太湖源镇、於潜镇、昌化镇、龙岗镇、河桥镇、湍口镇、清凉峰镇、岛石镇，生于海拔500～1000m的山坡、沟谷林下。

保护价值：花色淡雅，犹如收翅的蝴蝶聚集于花葶上，极具观赏价值。假鳞茎入药，具有清热解毒、润肺止咳、活血止痛等功效。

118. 长叶山兰 | *Oreorchis fargesii* Finet
兰科　山兰属

保护级别：《濒危野生动植物种国际贸易公约（2016年）》附录 Ⅱ

形态特征： 多年生草本，植株高20～45cm。假鳞茎椭圆形或近球形。叶2；叶片条形，基部渐狭成鞘状柄。花莛从假鳞茎侧面发出，直立，中下部有2～3筒状鞘。总状花序密生花10～20；花白色并有紫纹；萼片披针形，侧萼片斜歪并略宽于中萼片；花瓣狭卵状披针形；唇瓣3全裂，基部有长约1mm的爪，侧裂片线形，中裂片近椭圆状倒卵形或菱状倒卵形，唇盘基部有1褶片状胼胝体；蕊柱弓状，足甚短。蒴果狭椭圆形，长约2cm，宽约8mm。花期5～6月，果期9～10月。

分布范围： 产于天目山，生于海拔900～1500m的山坡、沟谷林下。

保护价值： 株形优美，花色洁白有斑纹，可作盆栽观赏。假鳞茎入药，具有清热解毒、消肿散瘀等功效。

119. 带唇兰 | *Tainia dunnii* Rolfe

兰科 带唇兰属

别　　名：长叶杜鹃兰

保护级别：《濒危野生动植物种国际贸易公约（2016年）》附录Ⅱ

形态特征：多年生草本，植株高30～60cm。根状茎匍匐。假鳞茎暗紫色，圆柱形。茎顶生1叶；叶片狭长圆形或椭圆状披针形。花莛直立，纤细；总状花序，具花10～20；花黄褐色或棕紫色；中萼片狭长圆状披针形，中脉明显，侧萼片狭长圆状镰刀形，与中萼片等长；花瓣与萼片等长而较宽；唇瓣整体轮廓近圆形，前部3裂，侧裂片淡黄色，具有许多紫黑色斑点，中裂片黄色，横长圆形；唇盘具3纵褶片，两侧的褶片呈弧形，较高，中央的褶片为龙骨状。花期4～5月，果期7～8月。

分布范围：产于天目山、清凉峰、龙岗镇，生于海拔700～1000m的山坡、沟谷林下。

保护价值：花多色艳，花莛纤长，株形优雅，可作盆栽观赏，具有较高的观赏价值。

120. **铁皮石斛** | *Dendrobium officinale* Kimura & Migo
兰科 石斛属

别　　名：黑节草、铁兰

保护级别：《濒危野生动植物种国际贸易公约（2016年）》附录Ⅱ

形态特征：多年生附生草本，植株高8～30cm。茎圆柱形，不分枝，具多节，常在中部以上具叶3～5。叶2列，纸质，长圆状披针形，先端钝且多少钩转，基部下延为抱茎的鞘；叶鞘常具紫斑纹。总状花序从去年生茎上部叶腋发出，具花2～5；花苞片干膜质；萼片和花瓣黄绿色，近相似，长圆状披针形，先端锐尖，具5脉；侧萼片基部较宽；萼囊长约5mm，末端圆形；唇瓣白色，卵状披针形，中部反折，先端急尖，不裂或不明显3裂，基部具1绿色或黄色的胼胝体，中部以下具紫红色条纹；唇盘密布细乳突状毛，中部以上具紫红色斑块。蒴果椭圆形。花期5～6月，果期9～10月。

分布范围：产于清凉峰、龙岗镇，生于海拔600～800m的半阴湿崖壁上。

保护价值：名贵珍稀药材，具有生津养胃、滋阴清热、润肺益肾、明目强腰等功效。花姿优美，气味清香，花色淡雅，极具观赏价值。

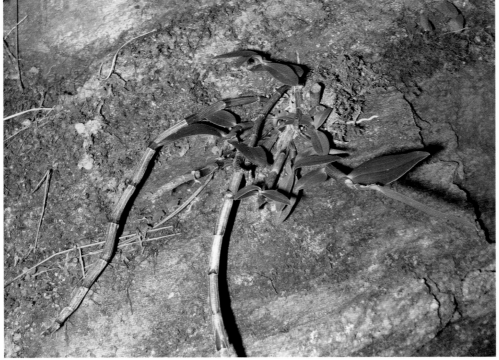

121. 广东石豆兰 | *Bulbophyllum kwangtungense* Schltr.
兰科 石豆兰属

保护级别:《濒危野生动植物种国际贸易公约（2016年）》附录Ⅱ

形态特征: 多年生附生草本，植株高3～10cm，根状茎匍匐。假鳞茎长圆柱状，长1～2.5cm，疏生，相距2～7cm，顶生1叶。叶片革质，长圆形，先端钝圆而凹，基部楔形，具短柄。花葶纤细，远高出叶丛；总状花序短缩，呈伞状，具花2～4（～7）；花苞片小，狭披针形；花淡黄色；萼片近同形，狭披针形，先端长渐尖，中部以下两侧边缘内卷，侧萼片比中萼片稍长，基部贴生于蕊柱足；花瓣狭卵状披针形；唇瓣狭披针形，先端钝，中部以下有凹槽，上面具有2～3龙骨脊，在唇瓣中部以上汇合成一条粗厚的脊。花期5～6月，果期9～10月。

分布范围: 产于天目山，生于海拔约800m的岩壁上。

保护价值: 中国特有种。植株小巧，叶片肉质，憨态可掬，花色洁白，可用于假山点缀。全草入药，具有滋阴润肺、止咳化痰等功效。

122. 浙杭卷瓣兰 | *Bulbophyllum quadrangulum* Z. H. Tsi
兰科 石豆兰属

别　　名：四棱卷瓣兰

保护级别：《濒危野生动植物种国际贸易公约（2016年）》附录 Ⅱ

形态特征：多年生附生草本，植株高3～6cm，根状茎匍匐。假鳞茎卵球形，长5～8mm，具4纵棱，相距约1cm，顶生1叶。叶片革质，长圆形，先端稍凹，基部收狭为短柄。花莛直立，不高出叶丛；总状花序短缩，呈伞状，具花3～4；花苞片小，披针形；花金黄色；中萼片卵形，密生棒状腺毛，侧萼片狭披针形，先端尾尖；花瓣卵形，先端钝，边缘密生棒状腺毛；唇瓣肉质，舌状，从中部向外下弯，基部具凹槽，先端钝。花期3～4月，果期9～10月。

分布范围：产于天目山、清凉峰、锦北街道、昌化镇，生于海拔400～1100m的岩壁上。

保护价值：株形娇小，花形奇特，花色鲜艳，宜栽于溪边石旁，是优良的山石水景点缀植物。

123. 斑唇卷瓣兰 | *Bulbophyllum pecten-veneris*（Gagnep.）Seidenf.
兰科 石豆兰属

别　　名： 毛边卷瓣兰、黄花卷瓣兰

保护级别：《濒危野生动植物种国际贸易公约（2016年）》附录Ⅱ

形态特征： 多年生附生草本，植株高2～12cm。根状茎匍匐。假鳞茎卵状圆球形，长5～8mm，疏生，相距3～5mm，顶生1叶。叶片革质，长圆形至长圆状披针形，先端钝，有时2浅裂，无柄。花葶纤细，远高出叶丛；伞形花序，具花3～8；花苞片小，狭披针形；花黄色至深红色；中萼片卵圆形，长约5mm，先端渐尖成芒状，边缘具长柔毛，侧萼片狭披针形，长3～5cm，先端长尾尖，边缘内卷渐狭成长尾状的筒；花瓣斜卵形，长3～5mm，边缘中部以上具有流苏状缘毛；唇瓣肉质，舌状，向外下弯，先端急尖。花期5月，果期7～8月。

分布范围： 产于清凉峰、龙岗镇、昌化镇，生于海拔约1000m的岩壁上。

保护价值： 株形娇小，花形奇特，花色鲜艳，是优良的山石水景点缀植物。全草入药，具有润肺止咳、活血止痛等功效。

124. 毛药卷瓣兰 | *Bulbophyllum omerandrum* Hayata
兰科 石豆兰属

别　　名：溪头卷瓣兰、黄唇卷瓣兰

保护级别：《濒危野生动植物种国际贸易公约（2016年）》附录 Ⅱ

形态特征：多年生附生草本，植株高3～8cm。根状茎匍匐。假鳞茎卵球形，长1～2cm，疏生，彼此相距1.5～4cm，顶生1叶。叶片厚革质，长圆形，先端钝而微凹，稍下弯，基部楔形，中脉在正面凹陷。花莛纤细，远高出叶丛；伞形花序，具花1～3；花苞片卵形、舟状，狭披针形；花黄色；中萼片卵圆形，先端具2～3髯毛，边缘全缘，侧萼片披针形，先端稍钝；花瓣卵状三角形，长约5mm，先端紫褐色，中部以上边缘流苏状；唇瓣肉质，舌状，黄色，稍下弯，基部具关节，边缘多少具睫毛；药帽前缘具流苏状缘毛。花期3～4月，果期6月。

分布范围：产于龙岗镇，生于海拔约1000m的山坡林中树上或岩壁上。

保护价值：株形娇小，花形奇特，花色鲜艳，是优良的山石水景点缀植物。

125. 莲花卷瓣兰 | *Bulbophyllum hirundinis* (Gagnep.) Seidenf.
兰科 石豆兰属

保护级别：《濒危野生动植物种国际贸易公约（2016年）》附录 II

形态特征：多年生附生草本，植株高3～20cm。根状茎匍匐。假鳞茎卵球形，长0.5～1.0cm，聚生或彼此相距5～20mm，顶生1叶。叶片厚革质或肉质，长椭圆形至卵形，近无柄，中脉在正面下陷。花莛纤细，远高出叶丛；伞形花序，具花3～5；花苞片披针形；花黄色，基部紫红色；中萼片卵形，具3脉，边缘具流苏状缘毛，侧萼片条形，基部上方扭转而下侧边缘彼此粘合，先端分离；花瓣斜卵状三角形，长约3mm，边缘具流苏状缘毛，具3脉；唇瓣肉质，舌状，稍向外弯，先端钝；药帽前缘先端截形、凹缺，具齿状凸起。花期5～6月，果期8～9月。

分布范围：产于清凉峰，生于海拔约500m的岩壁上。

保护价值：株形娇小，花形奇特，花色鲜艳，是优良的山石水景点缀植物。

126. 高山毛兰 | *Eria reptans*(Franch. et Sav.)Makino
兰科 毛兰属

别　　名：连珠毛兰

保护级别：《濒危野生动植物种国际贸易公约（2016年）》附录 Ⅱ

形态特征：多年生附生草本，植株高8～12cm。假鳞茎密集，长卵形，长1～1.5cm，顶端通常具2叶。叶片长椭圆形至条状披针形，先端渐尖，基部渐狭。花葶顶生，纤细，多少被柔毛，具花1～2；花苞片膜质，卵形；花白色，直径约1cm；中萼片长椭圆形，先端钝，侧萼片镰状三角形，偏斜，背面被短柔毛，基部与蕊柱足合生成囊状；花瓣椭圆状披针形，与中萼片近等长，先端圆钝；唇瓣3裂，基部收狭成爪状，侧裂片直立，三角形，中裂片近四方形，肉质，先端近平截，中间稍有凹缺；唇瓣基部具3纵褶片，中间1条延伸至中裂片先端。蒴果椭圆形。花期6～7月，果期8～9月。

分布范围：产于天目山，生于海拔800～1100m的岩壁上。

保护价值：植株小巧，叶片青翠，花色淡雅，极具观赏价值，适用于假山点缀。

127. 蜈蚣兰 | *Cleisostoma scolopendrifolium*（Makino）Garay
兰科 隔距兰属

别　　名：金百脚、石蜈蚣、飞天蜈蚣

保护级别：《濒危野生动植物种国际贸易公约（2016年）》附录Ⅱ

形态特征：多年生附生草本，植物匍匐生长。茎细长，多节，具分支。叶革质，2列互生；叶片肥厚肉质，两侧对折呈短剑状，先端钝，基部具缝状关节；鞘短筒状。花序短，腋生；总状花序具花1～2；苞片卵形，膜质；花淡红色，直径约8mm；花被片展开；中萼片卵状长圆形，侧萼片斜卵状长圆形，较中萼片稍大；花瓣长圆形；唇瓣肉质，3裂，中裂片舌状三角形，具黄紫色斑点，唇盘中央具有1褶片；距近球形，袋状，距口下缘具一环乳突状毛，内侧胼胝体马蹄状。蒴果长倒卵形。花期6～7月，果期9～10月。

分布范围：产于全区山区、半山区，附生于海拔60～500m的林中树干或岩壁上。

保护价值：花色淡雅，可作石壁点缀。全草入药，具有清热解毒、润肺止血等功效。

128. 象鼻兰 | *Nothodoritis zhejiangensis* Z. H. Tsi
兰科 象鼻兰属

别　　名：气死羊

保护级别：《濒危野生动植物种国际贸易公约（2016年）》附录 Ⅱ 、浙江省重点保护野生植物

形态特征：附生落叶草本，植株高3～8cm。肉质气生根绿色。茎具叶1～3。叶片倒卵形至倒卵状椭圆形，具暗紫色斑点，先端圆钝，基部具关节，下部扩大成鞘。总状花序，具花8～25；花苞片淡绿色，狭披针形；花白色；萼片和花瓣上面具紫色横条纹；中萼片卵状椭圆形，兜状，围抱蕊柱，侧萼片斜倒卵形，基部收狭呈短爪；花瓣倒卵形，先端钝，基部具爪；唇瓣3裂，中裂片舟状，内面深紫色，基部具囊，囊白色，囊口具1白色附属物，侧裂片狭长，基部合生，下延成凹槽状；蕊喙狭长，似象鼻。蒴果椭圆形。花期5～6月，果期9月。

分布范围：产于天目山、清凉峰、龙岗镇、湍口镇，生于海拔300～600m的林中树上。

保护价值：我国特有的单种属植物，对兰科植物系统演化等研究有重要学术意义。花色秀雅，花形奇特，是蝴蝶兰*Phalaenopsis aphrodite*品种改良的优质种质资源，有重要的科研和观赏价值。

129. 短茎萼脊兰 | *Sedirea subparishii*（Z. H. Tsi）Christenson
兰科 萼脊兰属

保护级别：《濒危野生动植物种国际贸易公约（2016年）》附录 Ⅱ

形态特征：多年生附生草本，植株高8～15cm。茎长1～2cm，具扁平、弯曲的根，附生于树干。叶近基生；叶片长圆形或倒卵状披针形；中脉明显。总状花序，疏生数花；花黄绿色，具淡褐色斑点，稍肉质，具香气；中萼片近长圆形，先端细尖而下弯，在背面中肋翅状，侧萼片相似于中萼片而较狭；花瓣近椭圆形，先端锐尖，具5～6脉；唇瓣3裂，侧裂片直立，半圆形，中裂片肉质，狭长圆形，基部具胼胝体；距角状，长约1cm，向前弯曲，向末端渐狭。花期5～6月，果期9月。

分布范围：产于清凉峰，生于海拔300～1100m的林中树上。

保护价值：株形小巧，叶片翠绿，花色淡黄，清香芬芳，极具观赏价值。

130. 旗唇兰 | *Vexillabium yakushimense*（Yamam.）F. Maek.
兰科 旗唇兰属

保护级别：《濒危野生动植物种国际贸易公约（2016年）》附录 Ⅱ

形态特征：多年生地生草本，植株高8～15cm。根状茎肉质，匍匐，具节，节上生根。茎直立，绿色，无毛，具叶4～5。叶片卵形，肉质，先端急尖，基部圆形；叶柄基部扩大成抱茎的鞘。总状花序带粉红色，具花3～7，被疏柔毛；花苞片粉红色，边缘具睫毛，背面疏生柔毛，下部与子房等长或稍短于子房；子房圆柱状纺锤形，扭转；花小；萼片粉红色，背面基部被疏柔毛，中萼片长圆状卵形，凹陷，直立，先端钝，具1脉，侧萼片斜镰状长圆形；花白色，具紫红色斑块；唇瓣白色，呈"T"字形；柱头2，呈横的星月形，凸出。花期7～8月，果期9～10月。

分布范围：产于天目山，生于海拔1000～1110m的山坡、沟谷林下草丛中。

保护价值：植株小巧，叶被绒毛，花形奇特，花色淡雅，可用于盆栽观赏。

131. 叠鞘兰 | *Chamaegastrodia shikokiana* Makino & F. Maek.
兰科 叠鞘兰属

保护级别：《濒危野生动植物种国际贸易公约（2016年）》附录Ⅱ

形态特征：腐生草本，植株高5～18cm。根粗壮，短，肥厚，肉质，排生于长的根状茎上。茎较粗壮，黄色或浅褐红色，无毛，具密集的黄色或浅褐红色、膜质的鞘状鳞片。总状花序长3～5cm，具数花至10余花，花序轴无毛；花苞片卵状长椭圆形，膜质；花黄色或淡褐色；花被片与子房呈直角；萼片背面无毛，中萼片卵形，凹陷，侧萼片斜卵形；花瓣条形，先端钝，与中萼片黏合成兜状；唇瓣基部稍扩大且凹陷成囊，中部具爪；蕊柱短。花期7～8月，果期10～11月。

分布范围：产于清凉峰，生于海拔600～800m的山坡林下草丛中。

保护价值：野生种群与个体数量极少，濒临灭绝。

132. 中华盆距兰 | *Gastrochilus sinensis* Z. H. Tsi
兰科　盆距兰属

保护级别：《濒危野生动植物种国际贸易公约（2016年）》附录 II

形态特征：多年生附生草本。植株匍匐。茎细长多节。叶互生，二列状排列，彼此疏离；叶片椭圆形或长圆形，绿色带紫红色斑点，先端锐尖且稍3小裂；叶柄极短。总状花序短缩，具花2～3；花序梗纤细；花苞片卵状三角形；花小，开展，黄绿色带紫红色斑点；中萼片椭圆形，先端钝，侧萼片长圆形，偏斜，与中萼片近等大，背面中肋多少隆起；花瓣倒卵形，比萼片小；前唇肾形，先端凹缺，边缘和上面密被柔毛，中央具增厚垫状物，后唇合生成囊距，倒圆锥形，稍两侧压扁，末端圆钝。花期3～4月，果期8～9月。

分布范围：产于天目山、清凉峰、湍口镇，生于海拔300～500m的林中树上或岩壁上。

保护价值：植株小巧，花形奇特，极具观赏价值，适作假山点缀。

参考文献

陈功锡，杨斌，邓涛，等. 中国蕨类植物区系地理若干问题研究进展 [J]. 西北植物学报，2014，34（10）：2130-2136.

陈征海. 浙江石楠属一新种 [J]. 浙江林学院学报，1986，3（1）：35-36.

陈征海，刘安兴，孙孟军，等. 浙江种子植物分布新记录 [J]. 浙江林学院学报，2002，19（1）：24-26.

陈征海，唐正良，裘宝林. 浙江海岛植物区系的研究 [J]. 云南植物研究，1995，17（4）：405-412.

丁炳扬，李根有，傅承新，等. 天目山植物志 [M]. 杭州：浙江大学出版社，2009.

国家林业局野生动植物保护与自然保护区管理司，中国科学院植物研究所. 中国珍稀濒危植物图鉴 [M]. 北京：中国林业出版社，2013.

郭瑞，姜朝阳，翁东明，等. 清凉峰国家级自然保护区珍稀濒危植物及其保护 [J]. 浙江林业科技，2013，33（5）：104-108.

郭子良，邢韶华，崔国发. 自然保护区物种多样性保护价值评价方法 [J]. 生物多样性，2017，25（3）：312-324.

黄宏文，张征. 中国植物引种栽培及迁地保护的现状与展望 [J]. 生物多样性，2012，20（5）：559-571.

金水虎，俞建，丁炳扬，等. 浙江产国家重点保护野生植物（第一批）的分布与保护现状 [J]. 浙江林业科技，2002，22（2）：48-53.

金则新. 浙江天台山种子植物区系分析 [J]. 广西植物，1994，14（3）：211-215.

李根有，金水虎，楼炉焕，等. 浙江省野生蜡梅数量及群落学研究 [J]. 北京林业大学学报，2013，25（6）：30-33.

李根有，楼炉焕，金水虎，等. 浙江省野生蜡梅群落及其区系 [J]. 浙江林学院学报，2002，19（2）：127-132.

李根有，叶喜阳，马丹丹，等. 发现于清凉峰的浙江新记录树种——华榛 [J]. 浙江林学院学报，2009，26（6）：916-917.

李楠. 论松科植物的地理分布、起源和扩散［J］. 植物分类学报，1995，33（2）：105-130.

李沛玲，郭水良. 石杉科植物研究综述. 安庆师范学院学报（自然科学版），2005，11
　　（1）：56-62.

李锡文. 中国种子植物区系统计分析［J］. 云南植物研究，1996，18（4）：363-384.

临安县志编纂委员会. 临安县志［M］. 上海：汉语大词典出版社. 1992.

刘鹏，陈立人. 浙江山区珍稀濒危植物的分布特征与保护［J］. 山地研究，1996，14（4）：
　　247-250.

刘鹏，陈立人. 浙江天目山自然保护区珍稀濒危植物及其利用与保护［J］. 山地研究，
　　1996，14（1）：45-50.

刘思涵. 东天目山种子植物区系及其植被恢复状况［D］. 华东师范大学，2008.

刘星，刘虹，王青锋. 中国水韭属植物的孢子形态特征［J］. 植物分类学报，2008，46
　　（4）：479-489.

楼炉焕，金水虎. 浙江古田山自然保护区种子植物区系分析［J］. 北京林业大学学报，
　　2000，22（5）：33-39.

陆树刚. 中国蕨类植物区系［M］//吴征镒. 中国植物志（第一卷）. 北京：科学出版社，
　　2004：78-94.

陆树刚. 中国蕨类植物区系概论［M］//李承森. 植物科学进展（第6卷）. 北京：高等教
　　育出版社，2004：29-42.

孟繁松. 长江流域脊囊属化石的研究及现代水韭的起源［J］. 植物学报，1998，40（8）：
　　768-774.

芮金秀，刘海华，吕庭君，等. 浙江省珍稀濒危植物的区系［J］. 江西林业科技，2003，6：
　　16-18.

钱宏. 东亚特有属——小勾儿茶属的研究［J］. 植物研究，1988，8（4）：119-128.

邱瑶德，孙孟军. 浙江珍稀植物资源动态监测方案研究［J］. 浙江林业科技，2003，23
　　（1）：16-22.

邱瑶德，叶立新. 浙江省珍稀濒危植物资源利用现状调查研究［J］. 浙江林业科技，
　　2002，22（3）：65-70.

任海. 植物园与植物回归［J］. 生物多样性，2017，25（9）：945-950.

任海，简曙光，刘红晓，等. 珍稀濒危植物的野外回归研究进展［J］. 中国科学：生命
　　科学，2014，44（3）：230-237.

萨仁，苏德毕力格. 榆科榉属的植物地理学［J］. 云南植物研究，2003，25（2）：123-128.

宋朝枢，徐荣章，张清华. 中国珍稀濒危保护植物［M］. 北京：中国林业出版社，1989.

孙孟军，陈征海，翁卫松,等. 浙江珍稀濒危植物调查研究新发现［J］. 浙江林业科技，2001，21（4）：7-10.

王璐，雷耘，张明理. 基于序列trnL-trnF和ITS的桦属系统发育与地理分布格局的初步分析［J］. 植物生态学报，2013，37（5）：407-414.

吴征镒. 中国种子植物属的分布区类型系统［J］. 云南植物研究，1991（增刊）：1-139.

吴征镒，孙航，周浙昆，等. 中国种子植物区系地理［M］. 北京：科学出版社，2010.

吴征镒，周浙昆，李德铢，等. 世界种子植物科的分布区类型系统［J］. 云南植物研究，2003，25（3）：245-257.

严岳鸿，张宪春，马克平. 中国蕨类植物多样性与地理分布［M］. 北京：科学出版社，2013：29-75.

杨玉璋，姚凌，程至杰等. 淀粉粒分析揭示的江苏泗洪顺山集遗址古人类植物性食物来源与石器功能［J］. 中国科学：地球科学，2016，46（7）：939-948.

杨文忠，康洪梅，向振勇，等. 极小种群野生植物保护的主要内容和技术要点［J］. 西部林业科学，2014，43（5）：24-29.

应俊生. 中国种子植物特有属的分布区学研究［J］. 植物分类学报，1996，34（5）：479-485.

于永福. 杉科植物的起源、演化及其分布［J］. 植物分类学报，1995，33（4）：362-389.

臧得奎. 中国蕨类植物区系的初步研究［J］. 西北植物学报，1998，18（3）：459-465.

詹敏，张水利，熊耀康，等. 浙江天目山自然保护区旗唇兰的分布和生境群落学初步研究［J］. 浙江林业科技，2011，31（1）：73-75.

张光富. 木兰科的化石记录［J］. 古生物学报，2001，40（4）：433-442.

张宏伟，周莹莹，杨王伟，等. 浙江种子植物新资料（Ⅳ）［J］. 浙江大学学报（理学版），2013，40（5）：570-573.

张若蕙. 浙江珍稀濒危植物［M］. 杭州：浙江科学技术出版社，1994.

张勇. Momipites的几个先驱种在我国下第三系的发现——兼评Carya的北美起源说［J］. 古生物学报，1990，29（3）：300-308.

张渝华，庄元忠. 浙江及其邻近地区的紫堇属植物［J］. 云南植物研究，1990，12（1）：35-41.

张志耘，路安民. 金缕梅科：地理分布、化石历史和起源［J］. 植物分类学报，1995，33（4）：313-339.

浙江植物志编委会. 浙江植物志［M］. 杭州：浙江科学技术出版社，1989-1993.

郑朝宗. 浙江植物区系的特点［J］. 杭州大学学报，1987，14（3）：348-361.

郑朝宗. 浙江珍稀濒危保护植物的地理分布及其区系特征［J］. 武汉植物学研究，1990，8（3）：235-242.

中国科学院中国植物志编委会. 中国植物志［M］北京：科学出版社，1959-1994.

中华人民共和国濒危物种进出口管理办公室，中华人民共和国濒危物种科学委员会. 濒
　　危野生动植物种国际贸易公约附录Ⅰ、附录Ⅱ和附录Ⅲ. 2016.

周毅，冯志坚. 浙江龙王山植物区系的研究［J］华东师范大学学报（自然科学版），
　　1993，（1）：88-94.

周浙昆. 壳斗科的地质历史及其系统学和植物地理学意义［J］植物分类学报，1999，37
　　（4）：369-385.

CHEN Tao，LI GenYou. A New Species of Sinojackia Hu（Styracaceae）from Zhejiang, East
　　China［J］Novon，1997，7（4）：350-352.

LI RuiQi，CHEN ZhiDuan，HONG YaPing，LU AnMing. Phylogenetic Relationships of the
　　"Higher" Hamamelids Based on Chloroplast trnL_F Sequences［J］植物学报（英文版），
　　2002，44（12）：1462-1468.

中文名称索引

拉丁学名索引

PHOTO CONTRIBUTORS 照片提供者

以下列出了本书照片的提供者和单位。照片提供者按姓氏笔画排序。物种名前的数字表示该照片在正文中的页码，物种名后括号内为具体拍摄部位。

193	扇脉杓兰（生境）		292	中华盆距兰（花）

代英超（浙江清凉峰国家级自然保护区管理局）

194	天麻（花）		42	巴山榧树（种子）
197	血红肉果兰（植株）		85	白花土元胡（花）
199	小沼兰（植株，花序）		104	台湾水青冈（枝叶，果枝）

朱仁斌（中国科学院西双版纳热带植物园）

200	长唇羊耳蒜（花）		224	毛葶玉凤花（花序）
202	香花羊耳蒜（花）		225	毛葶玉凤花（花）

刘柏良（杭州浙山浙水广告有限公司）

203	香花羊耳蒜（植株）		89	连香树（植株）

李根有（浙江农林大学暨阳学院）

206	绶草（生境）		28	中华水韭（生境）
207	绶草（花序，花）		29	中华水韭（植株）
208	香港绶草（植株）		37	黄杉（球果）
209	香港绶草（生境）		39	南方红豆杉（全株）
211	二叶兜被兰（花枝）		40	榧树（种子）
215	舌唇兰（花序）		41	榧树（全株）
220	东亚舌唇兰（花序）		47	天目木兰（枝叶）
228	线叶玉凤花（花枝）		49	天女花（果枝）
229	线叶玉凤花（植株）		55	鹅掌楸（植株）
230	裂瓣玉凤花（花）		59	蜡梅（全株）
231	裂瓣玉凤花（植株）		78	猫儿屎（果枝）
232	朱兰（花）		79	猫儿屎（果实）
233	朱兰（植株）		81	细花泡花树（树干）
237	金兰（植株）		92	杜仲（雄花枝）
240	大花斑叶兰（花枝）		98	长序榆（枝叶，果枝）
245	绒叶斑叶兰（植株）		99	长序榆（植株）
246	蕙兰（花序）		103	华西枫杨（树干）
249	春兰（植株）		106	华榛（果苞和坚果）
251	无距虾脊兰（植株，花）		107	华榛（树干，全株）
253	反瓣虾脊兰（花）		125	黄山梅（果实）
267	带唇兰（植株）		149	毛柄小勾儿茶（叶柄）
272	浙杭卷瓣兰（植株）		164	竹节人参（果序）
282	蜈蚣兰（花）		171	睡菜（生境）
286	短茎萼脊兰（花）			
287	短茎萼脊兰（生境，花）			
288	旗唇兰（花）			
289	旗唇兰（生境）			
290	叠鞘兰（花序）			

172　香果树（果枝）

187　北重楼（根状茎）

234　银兰（花）

235　银兰（植株）

237　金兰（花）

280　高山毛兰（生境）

李晓晨（浙江农林大学）

32　银杏（雄花序）

48　天女花（花）

59　蜡梅（果枝）

60　樟（花枝，果枝）

76　江南牡丹草（花枝）

77　江南牡丹草（花）

260　独花兰（植株）

261　独花兰（生境）

杨淑贞（浙江天目山国家级自然保护区管理局）

33　银杏（植株）

35　金钱松（植株）

38　南方红豆杉（树干）

40　榧树（果枝）

43　巴山榧树（树干）

50　厚朴（花）

53　凹叶厚朴（果实）

61　樟（树干）

64　浙江楠（花枝）

68　红毛七（生境）

73　八角莲（植株）

85　白花土元胡（植株）

93　杜仲（植株）

99　长序榆（树干）

118　秋海棠（果枝）

137　花榈木（植株）

142　倒卵叶瑞香（花）

154　羊角槭（果实，花序）

164　竹节人参（根状茎）

167　锈毛羽叶参（植株）

180　天目贝母（花）

181　天目贝母（果实）

183　华重楼（块茎）

188　延龄草（花）

193　扇脉杓兰（果实）

196　血红肉果兰（花）

197　血红肉果兰（果实）

225　毛葶玉凤花（植株）

241　大花斑叶兰（植株）

242　斑叶兰（果实）

250　无距虾脊兰（植株，花序）

253　反瓣虾脊兰（植株）

256　白及（花序）

257　白及（生境）

261　独花兰（花）

263　杜鹃兰（花序）

265　长叶山兰（花）

吴棣飞（温州市公园管理处）

211　二叶兜被兰（花）

216　尾瓣舌唇兰（花序）

217　尾瓣舌唇兰（花序）

220　东亚舌唇兰（花）

221　东亚舌唇兰（植株）

沐先运（北京林业大学）

222　阔蕊兰（花，植株）

223　阔蕊兰（生境）

张芬耀（浙江省森林资源监测中心）

46　天目木兰（花蕾）

张宏伟（浙江清凉峰国家级自然保护区管理局）

82　延胡索（果实）

291　叠鞘兰（植株，花莛）

陈贤兴（温州大学）

214　舌唇兰（花枝，植株）

陈炳华（福建师范大学）

281　高山毛兰（生境，花）

林王敏（浙江中医药大学）

234　银兰（植株）

夏国华（浙江农林大学）

26　蛇足石杉（生境）

27　蛇足石杉（孢子囊）

34　金钱松（枝叶）

35　金钱松（树干）

36　黄杉（果枝，枝叶）

39　南方红豆杉（果枝，雄花枝）

40　榧树（雄花枝）

42　巴山榧树（枝叶）

43　巴山榧树（植株）

46　天目木兰（花枝）

47　天目木兰（果实）

48　天女花（花枝）

50　厚朴（枝叶，果实）

51　厚朴（植株）

52　凹叶厚朴（叶，花枝）

53　凹叶厚朴（植株）

56　夏蜡梅（花，果实）

57　夏蜡梅（植株，果枝）

58　蜡梅（树干，花枝）

63　天目木姜子（生境，树干）

64　浙江楠（枝叶，果枝）

65　浙江楠（生境，树干）

66　短萼黄连（花序，果实）

67　短萼黄连（群落，植株）

72　八角莲（花枝，根状茎）

73　八角莲（叶）

74　三枝九叶草（花，果实）

75　三枝九叶草（植株，花枝，根状茎）

77　江南牡丹草（生境，果枝）

78　猫儿屎（花）

79　猫儿屎（植株，花枝）

80　细花泡花树（花枝，果实）

81　细花泡花树（花）

82　延胡索（块茎）

83　延胡索（植株）

87　全缘叶土元胡（植株）

88　连香树（叶，枝叶）

90　银缕梅（雌花，虫瘿）

91　银缕梅（植株，树干）

92　杜仲（果枝）

93　杜仲（雌花）

96　青檀（果实）

98　长序榆（果实）

100　榉树（枝叶，雄花，雌花）

104　台湾水青冈（冬芽）

105　台湾水青冈（植株）

106　华榛（枝叶，花枝，雌花）

108　天目铁木（果实和雄花序）

109　天目铁木（植株）

110　孩儿参（果实，块根）

111　孩儿参（植株，花）

114　草芍药（果枝）

116　杨桐（植株）

117　杨桐（花，果实）

118　秋海棠（叶）

119　秋海棠（生境，花枝）

120　中华秋海棠（果枝）

122　细果秤锤树（枝刺，果实）

123　细果秤锤树（花枝）

124　黄山梅（花）

126　平枝栒子（花枝）

128　玉兰叶石楠（花，花枝）

129　玉兰叶石楠（果实）

顾余兴（临海植物爱好者）

226　鹅毛玉凤花（花序，花，肉质根）

227　鹅毛玉凤花（植株）

徐卫南（临安区林业局）

37　黄杉（植株）

60　樟（植株）

96　青檀（树干）

101　榉树（植株）

123　细果秤锤树（植株）

奚建伟（浙江农林大学）

240　大花斑叶兰（果枝）

梅爱君（临安区林业局）

70　六角莲（植株，花，果实）

71　六角莲（生境，植株）

130　鸡麻（花，枝叶）

131　鸡麻（植株，花枝）

蒋天沐（浙江大学）

244　绒叶斑叶兰（植株，花）

虞钦岚（浙江农林大学）

76　江南牡丹草（块根）

124　黄山梅（植株）

129　玉兰叶石楠（生境）

173　香果树（树干）

174　七子花（花）

175　七子花（树干）

252　反瓣虾脊兰（植株）